普通高等教育"十一五"国家级规划教材配套辅导书

《数字电子技术(第四版)》
学习指导与题解

江晓安　宋　娟　编著

U0277891

西安电子科技大学出版社

内 容 简 介

本书与西安电子科技大学出版社出版的高等学校教材《数字电子技术(第四版)》(江晓安等编著)一书相配套,读者也可单独使用本书。书中总结了《数字电子技术(第四版)》中每章的重点内容,即读者必须掌握的内容,并给出了大量例题,详细讲述了解题思路和解题方法,使读者可以举一反三,逐步具备分析问题和解决问题的能力。本书还给出了《数字电子技术(第四版)》教材中的全部习题的解答。书末附有两套自学考试试题。

本书适合电子类专业、通信专业、计算机类专业、控制和智能相关专业的教师和学生选用,也可供参加自学考试的学生使用,还可供相关专业从业人员参考。

图书在版编目(CIP)数据

《数字电子技术(第四版)》学习指导与题解/江晓安,宋娟编著. —西安:
西安电子科技大学出版社,2018.1(2019.5 重印)
ISBN 978 - 7 - 5606 - 4773 - 9

Ⅰ. ①数… Ⅱ. ①江… ②宋… Ⅲ. ①数字电路—电子技术—高等学校—教学参考资料
Ⅳ. ①TN79

中国版本图书馆 CIP 数据核字(2017)第 299570 号

策划编辑	毛红兵	李惠萍
责任编辑	阎 彬	
出版发行	西安电子科技大学出版社(西安市太白南路 2 号)	
电 话	(029)82242885 82201467	邮 编 710071
网 址	www. xduph. com	电子邮箱 xdupfxb001@163.com
经 销	新华书店	
印 刷	陕西日报社	
版 次	2018 年 1 月第 1 版 2019 年 5 月第 2 次印刷	
开 本	787 毫米×1092 毫米 1/16 印张 12.375	
字 数	292 千字	
印 数	3001～6000 册	
定 价	29.00 元	

ISBN 978 - 7 - 5606 - 4773 - 9/TN

XDUP 5075001 - 2

＊＊＊ 如有印装问题可调换 ＊＊＊

前　言

　　本书为西安电子科技大学出版社出版的《数字电子技术（第四版）》（江晓安等编著）的配套辅导书。《数字电子技术（第四版）》在前三版的基础上，对练习题做了一些修改，本书的这次修订，就是针对这些修改进行的，以便二者能够配套使用。改动的内容主要是第一章、第二章、第四章和第六章。

　　此次修订，仍力求突出基本概念、基本原理和基本分析方法，引导读者抓住重点、突破难点、掌握解题方法，并注意提高分析问题和解决问题的能力。

　　参加此次修订的有江晓安教授和宋娟副教授。

　　本书适合电子类专业、通信专业、计算机类专业、控制和智能相关专业的教师和学生选用，也可供相关专业从业人员参考。

编　者
2017 年 10 月

目　录

第1章

数 制 与 编 码

数字电路中存在数的运算和逻辑运算。本章主要介绍数字系统常用的数制和常用编码，具体包括：

（1）常用数制：十进制、二进制、八进制、十六进制，不同数制之间可以进行转换。

（2）常用编码：BCD 码、可靠性编码、字符码。

通过本章的学习，要求学生：

（1）理解"基数"、"权"的概念；

（2）掌握各种数制的计数规则、标注方法及相互间的转换；

（3）理解各种编码的特点；

（4）掌握各种编码和各种数制之间的转换。

1.1 本 章 小 结

1.1.1 常用数制和各种数制之间的转换

数字系统常用数制为十进制和二进制。十进制是人们最熟悉的数制，但机器实现起来困难；二进制是机器唯一认识的数制，但二进制书写太长，因此引入八进制和十六进制。各数制都有自己的适用场合，所以就涉及各种数制间的转换。

（1）非十进制数转换为十进制数。将非十进制数采用按权展开相加的方法即得对应十进制数。

（2）十进制数转换为其它进制数。十进制数整数部分采用连除取余法，要将其转换为几进制就除以几；小数部分采用连乘取整法，要将其转换为几进制就乘以几。

（3）二进制数转换为八进制数（或十六进制数）。因为 $2^3 = 8$（或 $2^4 = 16$），所以三位二进制数（或四位二进制数）可用一位八进制数（或十六进制数）表示。其方法是：先按三位一组（或四位一组）分组，不足位整数部分在有效位左边补 0，不足位小数部分在有效位右边补 0，然后把每组二进制数转换为八进制数（或十六进制数）。

（4）八进制数（或十六进制数）转换为二进制数。把八进制数（或十六进制数）的每一位数码分别转换为三位（或四位）的二进制数。

（5）八进制数与十六进制数的相互转换。用二进制数作为中介，即先将八进制数（或十六进制数）转换成二进制数，再将该二进制数转换成十六进制数（或八进制数）。

1.1.2 常用编码

1. BCD 码

BCD 码分为有权码和无权码。有权码即 BCD 码的每位都有其固定的权值,如 8421BCD 码、5421BCD 码和 2421BCD 码;无权码即每位无固定的权值,如余 3BCD 码和格雷 BCD 码。

2. 可靠性编码

最常用的可靠性编码有奇偶校验码和格雷码。奇偶校验码中的奇校验码是在数据位的基础上添加校验位,使 1 的个数为奇数;偶校验码是在数据位的基础上添加校验位,使 1 的个数为偶数。格雷码的特征是每相邻两组代码仅有一位变化,以此保证在传送过程中不会出现因各位传送速度不同而引起的错误中间态。

3. 字符码

目前用得最为广泛的字符码是 ASCII 码。

1.1.3 用 BCD 码表示 R 进制的数

先把 R 进制数转换成十进制数,然后把十进制数的每一位数码用相应的 BCD 码取代。

1.2 典型题举例

例 1 $(135.6)_8 = (\quad)_{10}$

解 $(135.6)_8 = 1 \times 8^2 + 3 \times 8^1 + 5 \times 8^0 + 6 \times 8^{-1} = (93.75)_{10}$

例 2 $(93.75)_{10} = (\quad)_{16}$

解

整数部分	小数部分

整数部分

```
16 | 93
 16 | 5  …… 13→D  低位
      0  …… 5→5  高位
```

小数部分

$0.75 \times 16 = 12.00$ …… C

所以 $(93.75)_{10} = (5D.C)_{16}$

例 3 $(35.85)_{10} = (\quad)_2$,保留三位小数。

解

整数部分

```
2 | 35
 2 | 17 …… 1  最低位
  2 | 8  …… 1
   2 | 4  …… 0
    2 | 2  …… 0
     2 | 1  …… 0
        0  …… 1  最高位
```

小数部分

$0.85 \times 2 = 1.7$ …… 1 最高位

$0.7 \times 2 = 1.4$ …… 1

$0.4 \times 2 = 0.8$ …… 0 最低位

所以 $$(35.85)_{10} \approx (100011.110)_2$$

例 4 $(11110101.11011)_2 = (\quad)_8$

解 $(11110101.11011)_2 = \underbrace{(011\,110\,101.110\,110)}_{3\quad6\quad5\,\cdot\,6\quad6}{}_2 = (365.66)_8$

例 5 $(11110101.11011)_2 = (\quad)_{16}$

解 $(11110101.11011)_2 = \underbrace{(1111\,0101.1101\,1000)}_{F\quad5\,\cdot\,D\quad8}{}_2 = (F5.D8)_{16}$

例 6 $(674.35)_8 = (\quad)_{16}$

解 $(674.35)_8 = \underbrace{(0001\,1011\,1100.0111\,0100)}_{1\quad B\quad C\,\cdot\,7\quad4}{}_2 = (1BC.74)_{16}$

例 7 与 $(11010101.1101)_2$ 相等的数有（　　）。

A. $(325.64)_8$　　　　　B. $(D5.D)_{16}$　　　　C. $(213.8125)_{10}$

D. $(1110101.110100)_{8421BCD}$　　　　　E. $(10111.1000110101)_{8421BCD}$

答案：A B C

例 8 $(11011001.11)_2 = (\quad)_{余3BCD}$

解 $(11011001.11)_2 = (217.75)_{10} = (010101001010.10101000)_{余3BCD}$

例 9 BCD 码 (100011000100) 表示的数为 $(594)_{10}$，则该 BCD 码为（　　）。

A. 8421BCD 码　　　　　　　　B. 余 3BCD 码

C. 5421BCD 码　　　　　　　　D. 2421BCD 码

答案：C

例 10 BCD 码 (100011000100) 表示的数为 $(1117)_8$，则该 BCD 码为（　　）。

A. 8421BCD 码　　　　　　　　B. 余 3BCD 码

C. 5421BCD 码　　　　　　　　D. 2421BCD 码

答案：B

例 11 格雷 BCD 码的主要特征是＿＿＿＿＿＿＿。

答案：具有单位距离特性，即任意相邻的两个码组中，只有一个码元不同。

例 12 奇校验码的任意一个码组中，1 的个数总是＿＿＿＿＿＿个；它可以检测＿＿＿＿＿＿位错误。

答案：奇数；一位或奇数。

1.3　练习题题解

1. 何谓进位计数制？进位计数制包含哪两个基本因素？

答：进位计数制的计数方法是：把数分成若干位，每一位累计到某个量后，重新返回零，同时向高一位进位。同一个数码在不同的位置所代表的数值不同。

两个基本因素是：进位基数 R 和权值。

2. 为什么在数字设备中通常采用二进制？

答：为了简化数字设备，减小错误概率，提高工作可靠性。因为二进制数只有两个数码，故用两种电路状态就可以表示二进制数。若采用十进制数，因十进制数有 10 个数码，必须用 10 种电路状态才能表示，这会使数字设备结构复杂，错误概率增大，工作可靠性变差。

3. 在数字设备中为什么使用八进制和十六进制？

答：因为二者书写方便，并且能很容易地转换成二进制数。

4. 将下列十进制数转换为二进制数、八进制数、十六进制数。

(1) 35.625　　　　　　　(2) 0.4375　　　　　　　(3) 100

解　(1) ① 整数部分——连除取余：

$$
\begin{array}{ll}
2\underline{|35} & \\
2\underline{|17} & \cdots\cdots 1 \quad \text{最低位}\\
2\underline{|8} & \cdots\cdots 0\\
2\underline{|4} & \cdots\cdots 0\\
2\underline{|2} & \cdots\cdots 0\\
2\underline{|1} & \cdots\cdots 0\\
0 & \cdots\cdots 1 \quad \text{最高位}
\end{array}
\qquad
\begin{array}{ll}
8\underline{|35} & \\
8\underline{|4} & \cdots\cdots 3\\
0 & \cdots\cdots 4
\end{array}
\qquad
\begin{array}{ll}
16\underline{|35} & \\
16\underline{|2} & \cdots\cdots 3\\
0 & \cdots\cdots 2
\end{array}
$$

$$(35)_{10} = (100001)_2 \qquad (35)_{10} = (43)_8 \qquad (35)_{10} = (23)_{16}$$

也可直接从二进制数得到对应的八进制数(低位三位一组)和十六进制数(低位四位一组)，即

$$(35)_{10} = (100011)_2 = (43)_8 = (23)_{16}$$

② 小数部分——连乘取整：

$$
\begin{aligned}
0.625 \times 2 &= 1.250 \quad \cdots\cdots \quad 1 \quad \text{最高位}\\
0.25 \times 2 &= 0.5 \quad \cdots\cdots \quad 0\\
0.50 \times 2 &= 1.00 \quad \cdots\cdots \quad 1 \quad \text{最低位}
\end{aligned}
$$

$$(0.625)_{10} = (0.101)_2 = (0.5)_8 = (0.A)_{16}$$

这里直接通过二进制与八进制、十六进制的关系得出 $(0.625)_{10}$ 的八进制数和十六进制数。读者可以用连乘取整得出相同结果。

故　　　　　　$(35.625)_{10} = (100001.101)_2 = (43.5)_8 = (23.A)_{16}$

(2)　　　$0.4375 \times 2 = 0.8750 \quad \cdots\cdots \quad 0$

　　　　　$0.875 \times 2 = 1.750 \quad \cdots\cdots \quad 1$

　　　　　$0.750 \times 2 = 1.50 \quad \cdots\cdots \quad 1$

　　　　　$0.50 \times 2 = 1.00 \quad \cdots\cdots \quad 1$

所以　　　　　$(0.4375)_{10} = (0.0111)_2 = (0.34)_8 = (0.7)_{16}$

(3)

$$
\begin{array}{ll}
2\underline{|100} & \\
2\underline{|50} & \cdots\cdots 0 \quad \text{最低位}\\
2\underline{|25} & \cdots\cdots 0\\
2\underline{|12} & \cdots\cdots 1\\
2\underline{|6} & \cdots\cdots 0\\
2\underline{|3} & \cdots\cdots 0\\
2\underline{|1} & \cdots\cdots 1\\
0 & \cdots\cdots 1 \quad \text{最高位}
\end{array}
\qquad
\begin{array}{ll}
8\underline{|100} & \\
8\underline{|12} & \cdots\cdots 4\\
8\underline{|1} & \cdots\cdots 4\\
0 & \cdots\cdots 1
\end{array}
\qquad
\begin{array}{ll}
16\underline{|100} & \\
16\underline{|6} & \cdots\cdots 4\\
0 & \cdots\cdots 6
\end{array}
$$

所以 $$(100)_{10} = (1100100)_2 = (144)_8 = (64)_{16}$$

5. 将下列二进制数转换为八进制数、十进制数、十六进制数。

(1) 1100010　　　　(2) 0.01001　　　　(3) 1010101.101

解　(1) $(1100010)_2 = (142)_8 = 1 \times 2^6 + 1 \times 2^5 + 1 \times 2^1 = 64 + 32 + 2$
$$= (98)_{10} = (62)_{16}$$

(2) $(0.01001)_2 = (0.22)_8 = (0.48)_{16} = 1 \times 2^{-2} + 1 \times 2^{-5}$
$$= 0.25 + 0.03125 = (0.28125)_{10}$$

(3) $(1010101.101)_2 = (125.5)_8 = (55.A)_{16}$
$$= 64 + 16 + 4 + 1 + 0.5 + 0.125 = (85.625)_{10}$$

6. 将下列八进制数转换为二进制数、十进制数、十六进制数。

(1) $(376.2)_8$　　　　(2) $(207.5)_8$

解　(1) $(376.2)_8 = (11111110.010)_2 = (FE.4)_{16}$
$$= 3 \times 64 + 7 \times 8 + 6 + 2 \times 8^{-1} = (254.25)_{10}$$

(2) $(207.5)_8 = (10000111.101)_2 = (87.A)_{16}$
$$= 2 \times 64 + 7 + 5 \times 8^{-1} = (135.625)_{10}$$

7. 将下列十六进制数转换为二进制数、八进制数、十进制数。

(1) $(78.8)_{16}$　　　　(2) $(3AF.E)_{16}$

解　(1) $(78.8)_{16} = (1111000.1)_2 = (170.4)_8 = 7 \times 16 + 8 + 0.5 = (120.5)_{10}$

(2) $(3AF.E)_{16} = (1110101111.111)_2 = (1657.7)_8$
$$= 3 \times 16^2 + 10 \times 16 + 15 + 14 \times 16^{-1}$$
$$= 768 + 160 + 15 + 0.875 = (943.875)_{16}$$

8. 求下列 BCD 码代表的十进制数：

(1) $(100001110101.10010011)_{8421BCD}$

(2) $(100001110101.10010011)_{余3BCD}$

解　(1) $(100001110101.10010011)_{8421BCD} = 875.93$

(2) $(100001110101.10010011)_{余3BCD} = 542.60$

9. 将下列 8421BCD 码转换为二进制数：

(1) 01111001.011000100101

(2) 00111000

解　BCD 码不便于直接转为二进制数，应先写出 BCD 码的十进制数，然后再将十进制数转换为二进制数，即 BCD 码→十进制数→二进制数。

(1) $(01111001.011000100101)_{8421BCD} = (79.625)_{10} = (1001111.101)_2$

(2) $(00111000)_{8421BCD} = (38)_{10} = (100110)_2$

10. 求下列二进制编码的奇校验位：

(1) 1010101　　　　(2) 100100100　　　　(3) 1111110

解　所谓奇校验，就是保证传输"1"的个数为奇数个，为此增加一位校验位，如果原信息中"1"的个数为偶数，则校验位为"1"，使总的"1"的个数为奇数；否则，校验位为"0"。

(1) 1010101——校验位 $P = 1$

(2) 100100100——校验位 $P = 0$

(3) 1111110——校验位 P＝1

11. 实现如下编码转换：

(1) $(1011.1110)_{2421BCD}＝(\quad)_{余3BCD}$

(2) $(1000.1011)_{5421BCD}＝(\quad)_{8421BCD}$

解 (1) $(1011.1110)_{2421BCD}＝(5.8)_{10}＝(1000.1011)_{余3BCD}$

(2) $(1000.1011)_{5421BCD}＝(5.8)_{10}＝(0101.1000)_{8421BCD}$

12. 实现如下编码转换：

$$(63)_8＝(\quad)_{8421BCD}＝(\quad)_{5421BCD}＝(\quad)_{余3BCD}$$

解 首先将$(63)_8$转换为十进制数，再用相应 BCD 码表示：

$$(63)_8＝(51)_{10}＝(01010001)_{8421BCD}＝(10000001)_{5421BCD}＝(10000100)_{余3BCD}$$

13. 实现如下编码转换：

$$(5A)_{16}＝(\quad)_{8421BCD}＝(\quad)_{5421BCD}＝(\quad)_{余3BCD}$$

解 首先将$(5A)_{16}$转换为十进制数，再用相应 BCD 码表示：

$$(5A)_{16}＝(90)_{10}＝(10010000)_{8421BCD}＝(11000000)_{5421BCD}＝(11000011)_{余3BCD}$$

第 2 章

基本逻辑运算及集成逻辑门

本章主要讲述三种基本逻辑运算、由基本逻辑组成的复合逻辑和集成门电路,具体包括:

(1) 基本逻辑运算、复合逻辑运算及对应的逻辑门。

(2) TTL 门及其参数。

(3) MOS 门的特点。

(4) OC 门(集电极开路门)和三态门的正确应用。

(5) 集成逻辑门使用中的实际问题。

通过本章的学习,要求学生:

熟练掌握各种门电路的图形符号及其输出函数表达式,正确处理各种门电路使用中的实际问题。

2.1 本 章 小 结

2.1.1 各种逻辑门的比较

各种逻辑门的图形符号及输出函数表达式如图 2-1 所示。

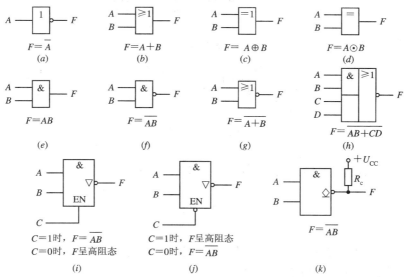

图 2-1 各种逻辑门的图形符号及输出函数表达式

(a) 非门;(b) 或门;(c) 异或门;(d) 同或门;(e) 与门;(f) 与非门;(g) 或非门;

(h) 与或非门;(i) 高电平选通的三态与非门;(j) 低电平选通的三态与非门;(k) OC 门

2.1.2 集电极开路门和三态门

本教材讲的所有逻辑门中，除了三态门、OC门及OD门外，均不允许多个门的输出端并联使用。多个三态门的输出端可以并联使用，但是，在任一时刻只允许一个门被选通。多个OC门或OD门的输出端可以并联使用，而且允许多个门同时选通，即允许多个门同时工作在逻辑状态，实现"线与"逻辑。

为使OC门或OD门工作在逻辑状态，必须将其输出端通过上拉电阻接供电电源。输出端并联使用的OC门或OD门可以共用一个上拉电阻。

三态门主要用于总线传输；OC门和OD门可用于总线传输，也常用作逻辑电路和非逻辑负载之间的接口。

2.1.3 门电路的多余输入端的处理

门电路的多余输入端，一般不允许悬空，以防引入干扰。其处理原则是：对与门、与非门，设法接高电平或与有用端并接；对或门、或非门，设法接低电平或与有用端并接。

2.1.4 门电路的负载

为保证门电路输出正确的逻辑电平，其输出端的等效负载电阻不可太小。标准系列TTL门的等效负载电阻不可小于200 Ω。由于MOS门输出的高电平没有一个标准值（MOS门的$U_{OH} \approx U_{DD}$，而U_{DD}可在3 V～20 V之间取值，故3 V$\leqslant U_{OH} \leqslant$20 V），因此MOS门的$R_{Lmin}$没有一个参考值，实际工作中可根据MOS门的$I_{OHmax}$和所要求的$U_{OH}$进行计算。

2.2 典型题举例

例1 可以实现$F = A \odot B$的门电路（见图2-2）是（　）。

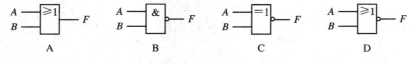

图2-2 例1图

答案：C

例2 某电路的输入、输出波形如图2-3所示，该电路实现的逻辑运算是（　）。

A. 异或逻辑　　　　　　　　　B. 同或逻辑

C. 与非逻辑　　　　　　　　　D. 或非逻辑

答案：A

题型变换一 某电路的输入波形如图2-3中的A、B所示，输出波形如图2-3中的F所示，该电路所实现的函数表达式为（　）。

A. $F = \overline{AB}$　　　　　　　　　B. $F = \overline{A+B}$

C. $F = \overline{A \oplus B}$　　　　　　　　D. $F = \overline{A \odot B}$

答案：D

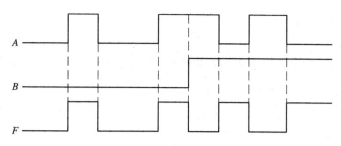

图 2-3 例 2 图

题型变换二 可实现图 2-3 所示波形关系的逻辑门是图 2-4 中的( )。

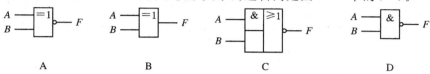

图 2-4 例 2 变型二图

答案：B

例 3 电路如图 2-5 所示，当 $G=0$ 时，$F=$ _____；当 $G=1$ 时，$F=$ _____。

解 门 1 为三态门，低电平选通，故 $G=0$ 时，$F_1=A$，则 $F=\overline{F_1+B}=\overline{A+B}$；$G=1$ 时，门 1 被禁止，F_1 端呈现高阻态，相当于门 2 的对应输入端接了一个大于 2 kΩ 的电阻，而门 2 是 TTL 门，故此时门 2 的对应输入端应视为输入逻辑"1"，因此，$F=\overline{1+B}=0$。

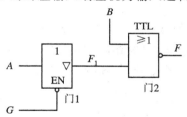

图 2-5 例 3 图

例 4 写出图 2-6 所示电路中 F 的表达式。

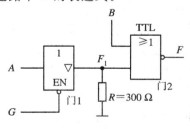

图 2-6 例 4 图

解 TTL 门的等效负载电阻 $R_L \geqslant 200$ Ω 时，TTL 门就能输出正常的逻辑电平；另外，TTL 门的某一输入端通过小于 500 Ω 的电阻接地时，该端相当于输入逻辑"0"。

图 2-6 中的两个门均为 TTL 门。$G=0$ 时，门 1 选通，因为 $R>R_{\text{Lmin}}$（忽略门 2 输入电阻的影响），故门 1 可输出正常的逻辑电平，所以 $F_1=A$；当 $G=1$ 时，门 1 被禁止，F_1 端对地呈现高阻态，该高阻值与 300 Ω 的电阻并联后，等效电阻约为 300 Ω，此时门 2 的对应输入端与地之间是一个小于 500 Ω 的电阻，故该输入端相当于输入逻辑"0"，因此：

— 9 —

$G=0$ 时，$F=\overline{F_1+B}=\overline{A+B}$；

$G=1$ 时，$F=\overline{0+B}=\overline{B}$。

例5 对应图 2-7(a)所示波形，画出图 2-7(b)中各电路的输出波形。

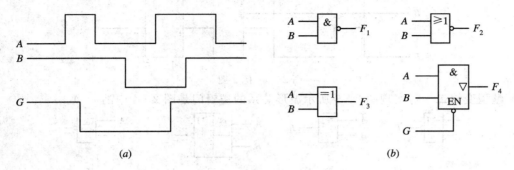

(a)　　　　　　　　　　　　(b)

图 2-7　例5图

解　$F_1=\overline{AB}$是与非逻辑。输入只要有"0"，输出即为"1"，只有输入均为"1"时输出才为"0"。

$F_2=\overline{A+B}$是或非逻辑。输入只要有"1"，输出即为"0"，只有输入均为"0"时输出才为"1"。

$F_3=A\oplus B$是异或逻辑。输入二变量相异时，输出为"1"；输入二变量相同时，输出为"0"。

F_4 是三态门，$G=1$ 时 F_4 是高阻态，不能画出确切值；$G=0$ 时三态门工作，$F_4=AB$，完成逻辑与的功能，输入只有全为"1"时输出才为"1"，其余情况均为"0"。

依此，画出各电路的输出波形如图 2-8 所示。

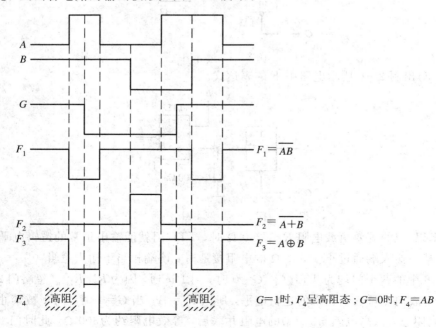

图 2-8　例5的输出波形

例 6　TTL 门电路如图 2-9 所示，其中能完成 $F=\overline{AB}$ 的电路是（　　）。

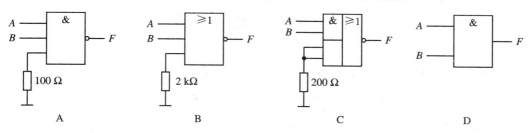

图 2-9　例 6 图

答案： C

例 7　写出图 2-10 所示各电路中 F 的表达式。

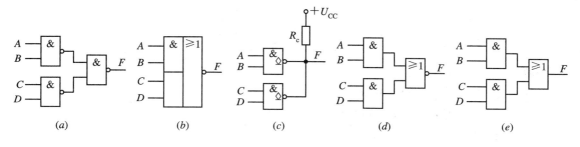

图 2-10　例 7 图

解　(a)　$F=\overline{\overline{AB}\cdot\overline{CD}}=AB+CD$

$\qquad(b)$　$F=\overline{AB+CD}$

$\qquad(c)$　$F=\overline{AB}\cdot\overline{CD}=\overline{AB+CD}$

$\qquad(d)$　$F=\overline{AB+CD}$

$\qquad(e)$　$F=AB+CD$

例 8　某 TTL 门的参数如下：$I_{IH}=20\ \mu A$，$I_{IS}=1.5\ mA$，$I_{OHmax}=400\ \mu A$，$I_{OLmax}=15\ mA$，求其扇出系数 N_O。

解　驱动门输出 U_{OL} 时，

$$N_{OL}=\frac{I_{OLmax}}{I_{IS}}=10$$

驱动门输出 U_{OH} 时，

$$N_{OH}=\frac{I_{OHmax}}{I_{IH}}=20$$

因此 $N_O=10$。

例 9　图 2-11 所示电路的输出函数表达式 F 为（　　）。

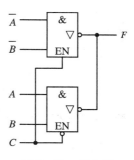

图 2-11　例 9 图

A.　$\begin{cases}C=0\ 时，F=\overline{AB}\\ C=1\ 时，F=A+B\end{cases}$　　B.　$\begin{cases}C=0\ 时，F=\overline{\overline{A}\ \overline{B}}\\ C=1\ 时，F=\overline{AB}\end{cases}$

C.　$F=\overline{A\oplus C}+\overline{B\oplus C}$　　D.　$F=(A\oplus C)+(B\oplus C)$

E.　$F=A\odot C+B\odot C$

答案： A C E

— 11 —

2.3 练习题题解

1. 对应图 2-12(a)所示波形，画出图 2-12(b)中各门电路的输出波形。

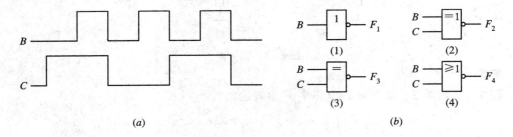

$$(a) \qquad\qquad\qquad (b)$$

图 2-12 题1图

解 (1) $F_1 = \overline{B}$

(2) $F_2 = \overline{B \oplus C} = \overline{B}\,\overline{C} + BC$

(3) $F_3 = \overline{B \odot C} = \overline{B}C + B\overline{C}$

(4) $F_4 = \overline{B+C}$

各输出波形如图 2-13 所示。

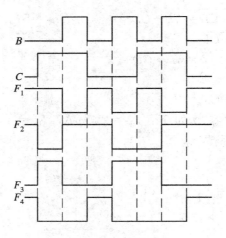

图 2-13 题1波形图

2. 对应图 2-14(a)所示波形，画出图 2-14(b)、(c)的输出波形。

解 图(b)是三态与非门。

$$F_1 = \begin{cases} 高阻态 (C = 0) \\ \overline{AB} \quad (C = 1) \end{cases}$$

图(c)是 OC 门。

$$F_2 = \overline{ABC}$$

F_1 和 F_2 的输出波形如图 2-14(d)所示。

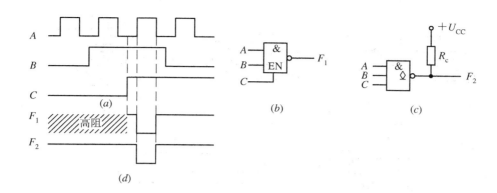

图 2-14 题 2 图

3. 图 2-15 中各电路及其表达式是否有错? 简述理由。图中所有的门电路均为标准系列。

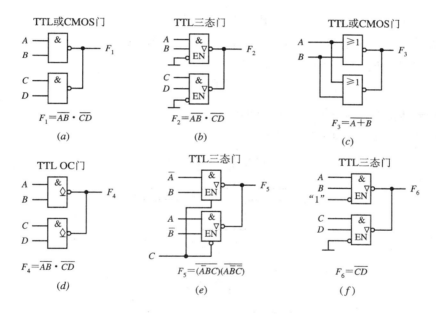

图 2-15 题 3 图

解 (a) 有错。因为两个门输出端不能并接。

(b) 有错。因为输出端并接的三态门不可同时选通。

(c) 无错。因为这两个门的输入、输出端分别并接(这称作门的并联运用),所以两门的输入变量相同,输出电平也始终相同。这样既不会损坏器件,也不会产生逻辑错误。

(d) 有错。因为电路中未接上拉电阻和直流电源。

(e) 有错。应把表达式改为 $F_5 = \overline{ABC} + \overline{A\overline{B}\,C}$ 。

(f) 无错。因为只有一个门选通,可正常工作。

4. 图 2-16 中各电路均由 TTL 门构成。

(1) 写出 F_1、F_2、F_3、F_4 的表达式;

(2) 对应给定的 A、B、C 波形,分别画出 $F_1 \sim F_4$ 的波形。

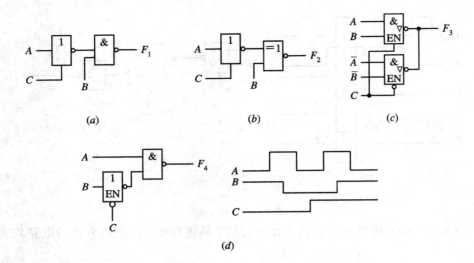

(d)

图 2-16 题 4 图

解 (1) (a) $C=1$ 时，$F_1=\overline{\overline{A}B}$；$C=0$ 时，$F_1=\overline{1 \cdot B}=\overline{B}$。

(b) $C=1$ 时，$F_2=\overline{\overline{A} \oplus B}$；$C=0$ 时，$F_2=1 \oplus B=\overline{B}$。

(c) $C=1$ 时，$F_3=\overline{AB}$；$C=0$ 时，$F_3=\overline{\overline{A} \overline{B}}=A+B$。

(d) $C=1$ 时，$F_4=\overline{A \cdot 1}=\overline{A}$；$C=0$ 时，$F_4=\overline{A \cdot \overline{B}}$。

(2) F_1 和 F_4 的波形如图 2-17 所示。

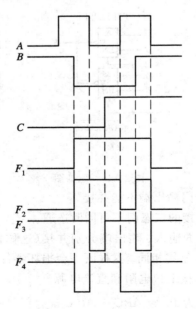

图 2-17 题 4 的波形

5. 电路如图 2-18 所示，试写出函数表达式。

解 (a) $F=\overline{AB} \cdot \overline{\overline{B}C}=\overline{AB+\overline{B}C}$

(b) $C=0$，$F=A+B$；$C=1$，$F=(A \oplus B)$，综合 $F=(A+B)\overline{C}+(A \oplus B)C$。

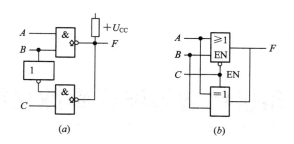

(a)   (b)

图 2-18 题 5 图

6. 为完成 $F=\overline{A}$，图 2-19 所示电路中，其多余输入端应如何处理？

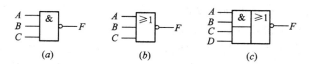

(a)   (b)   (c)

图 2-19 题 6 图

解 （a）$B=C=1$；（b）$B=C=0$；（c）$B=1$，$C=D=0$。

第 3 章

布尔代数与逻辑函数化简

本章是数字电子技术课程的基础，主要讲述了逻辑运算的基本公式和法则。只有掌握了逻辑运算的基本公式，才能正确地分析和设计逻辑电路；只有掌握了基本法则，才可以扩大基本公式的运用和推出新的运算公式。

由于逻辑函数的表达式与其逻辑图是相对应的，因而逻辑函数的表达式越简单，其对应的逻辑图就越简单，这有利于成本的降低和提高电路的可靠性。因此，本章重点讲述逻辑函数的化简。虽然中、大规模集成电路的出现，改变了传统数字电路的设计步骤，但是，逻辑函数的化简仍然是十分重要的。读者应通过多做练习题熟练掌握逻辑函数的化简。

通过本章的学习，要求学生：

(1) 掌握常用的基本公式和三个基本法则；

(2) 利用公式化简逻辑函数；

(3) 利用卡诺图将逻辑函数化简为与或式、与非—与非式、与或非式、或与式和或非—或非式。这是本章的重点。

3.1 本 章 小 结

3.1.1 基本公式和法则

1. 基本公式

通过此节学习，读者应熟记以下常用公式：

$$A + 1 = 1$$
$$A + \overline{A} = 1$$
$$A + AB = A$$
$$A + \overline{A}B = A + B$$
$$AB + A\overline{B} = A$$
$$AB + \overline{A}C + BC = AB + \overline{A}C$$
$$\overline{AB} = \overline{A} + \overline{B}$$
$$\overline{A + B} = \overline{A} \cdot \overline{B}$$

上述公式在逻辑函数的化简及表达式的变换中用得最多，均可用真值表法证明。

2. 基本法则

三个基本法则中代入法则有利于公式的扩展，扩大基本公式的使用范围。对偶法则可以减少公式的记忆量，且如果知道了基本公式的一种函数形式，则可通过对偶法则得出该基本公式的对偶式。反演法则可以较快地得到逻辑函数的反函数。

从原逻辑函数得到其对偶式和反函数的过程示意如下：

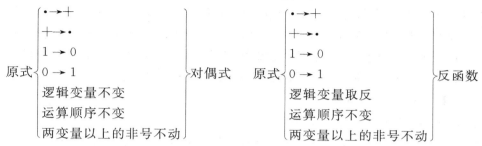

变换中注意以下三点：

（1）所谓运算顺序不变，就是适当使用括号以保证原式运算中的逻辑优先关系。如

$$AB + A\bar{B} = A$$

其对偶式为

$$(A + B)(A + \bar{B}) = A$$

如不加括号则为

$$A + BA + \bar{B} = A$$

显然此等式是不成立的。

（2）对偶变换和反演变换的区别，仅在于变量是否取反。

（3）对逻辑函数二次反演变换、二次对偶变换后得到的函数均是原逻辑函数。

3.1.2 逻辑函数的化简

如何将一个逻辑函数化简为最简单的表达式，是本章的重点内容。由于逻辑函数常用的有五种形式，因此这五种逻辑函数的化简均应掌握。

化简方法有两种。一种是代数法化简，即用基本公式将逻辑函数化简。此种方法需要记大量公式，掌握一定的技巧，且化简时无统一的模式，对化简结果难于判定是否为最简，因此，该方法不易于掌握。所以出现第二种化简方法——卡诺图法，它不需记大量的公式，且技巧性低，有化简的统一模式，对化简结果可以十分直观地判断是否为最简式。因此，卡诺图化简应用最为广泛，是本章的重点。学习卡诺图化简应掌握以下几点。

1. 卡诺图化简的基础

卡诺图化简的基础是 2^n 个逻辑相邻项可以合并，即吸收定律 $AB + A\bar{B} = A$。所谓逻辑相邻项，是指含有相同变量的两个逻辑函数项，仅有一个逻辑变量表现形式不同，分别以原变量和反变量出现在不同的逻辑函数中。为了找出逻辑函数的全部逻辑相邻项，我们提出逻辑函数的最小项标准式。最小项即含有全部逻辑变量的与项。全部由最小项组成的逻辑函数即为最小项标准式。

2. 卡诺图的结构

卡诺图的结构特点是：逻辑相邻关系与几何相邻关系一一对应（包含对折重叠项）。而该关系靠变量在图上的取值标注采用格雷码来保证。卡诺图上每一方格表示一个最小项，因而卡诺图可以完整地表示逻辑函数。卡诺图与真值表完全等效。真值表以列表的形式出现，而卡诺图则以图形的形式出现。通过卡诺图可以快速地找出逻辑函数的逻辑相邻关系，并确定出逻辑相邻项的合并规律。

3．逻辑相邻项合并规律

逻辑相邻项合并规律是：只有 2^n 个逻辑相邻项组成方形才可合并为一项，消去 n 个表现形式不同的逻辑变量，保留相同的逻辑变量从而组成新的逻辑项。即 2^1 个逻辑相邻项消去一个表现形式不同的逻辑变量；2^2 个逻辑相邻项消去两个表现形式不同的逻辑变量；2^3 个逻辑相邻项消去三个表现形式不同的逻辑变量……

4．利用卡诺图化简的原则

利用卡诺图化简逻辑函数的原则是：

（1）利用尽可能少的卡诺圈圈住逻辑函数的相关逻辑项，这样才能得出最简函数。

（2）圈卡诺圈时，在保证圈数最少的前提下，尽可能圈大圈。

（3）不要圈多余圈，即该卡诺圈的逻辑项均被别的卡诺圈圈过。

（4）将逻辑函数化简成最简的与或式和与非—与非式时，在卡诺图上圈"1"，然后，再将所读结果的与项相或，则得最简与或式；将所读结果的与非项相与非，则得最简的与非式。

（5）将逻辑函数化简成最简的与或非式时，在卡诺图上圈"0"得反函数的与或式，取反（不利用摩根定律展开）即得最简与或非式。

（6）将逻辑函数化简成最简或与式和或非—或非式时，在卡诺图上圈"0"取反得与或非式，用摩根定律展开得最简或与式；或直接从卡诺图上读结果，将变量逐个取反相或，再将每个或项相与即得最简或与式。将或与式两次取反，用摩根定律展开一次，即得最简的或非式；或直接在卡诺图上读结果，将变量逐个取反相或非，再将每个或非项相或非，即得最简的或非—或非式。

5．无关项及含有无关项函数的化简

在实际的逻辑问题中，变量的某些取值组合不允许出现，或者是变量之间具有一定的制约关系。这些组合所组成的逻辑项通常称为无关项，有时又称为禁止项、约束项或任意项，在真值表和卡诺图上用×或 ϕ 表示。含有无关项的逻辑函数的表达式可表示为

$$F = \sum(0,1,2,7,8) + \sum_d(10,11,12,13,14,15)$$

表达式右边的前一项表示使 $F=1$ 的逻辑项，后一项则为无关项，函数中没有的逻辑项 $m_3，m_4，m_5，m_6，m_9$ 为 $F=0$ 的逻辑项。其表达式也可表示为

$$\begin{cases} F = \sum(0,1,2,7,8) \\ \text{约束条件为 } AB+AC=0 \end{cases}$$

其中 $AB+AC=0$ 表示的含义是不允许 AB 或 AC 同为1。对后一种表达式，初学者很容易理解错误，即将 $AB+AC$ 对应的逻辑项视为 $F=0$ 的逻辑项。

含有无关项逻辑函数的化简原则是：对逻辑函数化简有利的无关项，化简时圈入卡诺圈，否则就不圈。

6．输入只有原变量没有反变量的逻辑函数的化简

这部分内容作为选修内容，对于仅关注如何使用一般应用器件的读者，可不学此部分，这对今后的学习无什么影响；对于搞集成电路设计的读者，这一部分是有用的。学习此部分内容时，关键是掌握阻塞的概念。读者可仔细阅读教材中的这部分内容。

7. 多输出函数的化简

实际的数字系统往往有多个输出端，对此类问题的化简，遵循的原则是：不追求单个函数的最简，而是寻求整个系统的最简。因此，在化简过程中，尽可能地采用公用项。一般来讲，公用项越多，所用逻辑门越少，整个系统就越简单。

3.2 典型题举例

例 1 与 $ABC+A\overline{BC}$ 函数式功能相等的函数表达式是（ ）。

A. ABC B. A C. $A\overline{BC}$ D. $ABC+\overline{BC}$

答案：B

例 2 证明 $AB+\overline{AB}C=AB+C$。

解 直接利用 $A+\overline{A}B=A+B$ 公式可证明上式。

题型变换一 证明 $AB+\overline{A}C+\overline{B}C=AB+C$。

证明 方法 1 利用摩根定律得

$$AB+\overline{A}C+\overline{B}C = AB+(\overline{A}+\overline{B})C$$
$$= AB+\overline{AB}C$$
$$= AB+C$$

证毕。

方法 2 利用多余项定律和吸收定理得

$$AB+\overline{A}C+\overline{B}C = AB+\overline{A}C+BC+\overline{B}C$$
$$= AB+\overline{A}C+C$$
$$= AB+C$$

证毕。

题型变换二 与函数 $AB+\overline{A}C+\overline{B}C$ 相等的表达式为（ ）。

A. $AB+\overline{A}C$ B. $AB+\overline{B}C$ C. $AB+C$ D. $\overline{A}C+\overline{B}C$

答案：C

例 3 写出 $AC+\overline{A}B+BC$ 的等式。

答案：利用多余项定理，得等式为 $AC+\overline{A}B$。

例 4 写出 $F=AB+\overline{BC}+\overline{CD}$ 的对偶式。

答案：按对偶式的规定得

$$G=(A+B) \cdot \overline{(B+\overline{C})}\,\overline{\overline{C}+D}$$

题型变换 $F=AB+\overline{BC}+\overline{CD}$ 的对偶式为（ ）；$F=AB+\overline{BC}+\overline{CD}$ 的反函数为（ ）。

A. $G=A+B\,\overline{B}+\overline{C} \cdot \overline{\overline{C}+D}$ B. $G=(\overline{A}+\overline{B})\overline{(B+C)} \cdot \overline{\overline{C}+D}$

C. $G=(\overline{A}+\overline{B})\overline{(B+\overline{C})\overline{C}+D}$ D. $G=(A+B)\overline{(B+\overline{C})\overline{C}+D}$

答案：B D

这类题目应注意加括号，保证运算顺序不变。

例 5 $ABC+\overline{A}D+\overline{B}D+CD$ 的多余项是（ ）。

A. $\overline{B}D$ B. $\overline{A}D$ C. CD D. ABC

答案：C

此题要经过变换：

$$ABC + \overline{A}D + \overline{B}D + CD = ABC + (\overline{A} + \overline{B})D + CD$$
$$= ABC + \overline{AB}D + CD$$

由此式即可看出其多余项为 CD。

例 6 函数 $F = AB + \overline{A}C + \overline{B}C$ 的最简与或式为（   ）。

A. $AB + \overline{A}C + \overline{B}C$ B. $AB + \overline{A}C$ C. $\overline{A}C + \overline{B}C$ D. $AB + C$

答案：D

此处要求是最简与或式，虽然选项 A 与原式一样，但它不为最简式。而

$$F = AB + (\overline{A} + \overline{B})C = AB + \overline{AB}C = AB + C$$

因此，只能是 D。

这类题目要求读者自己去化简，而不是去猜哪一个为正确答案。

例 7 利用代数法将逻辑函数 $F = \overline{A}\,\overline{B}\,\overline{C} + A\overline{C} + B\overline{C}$ 化简为最简的与或式。

解 **方法 1**

$$F = \overline{A}\,\overline{B}\,\overline{C} + (A + B)\overline{C}$$
$$= \overline{A}\,\overline{B}\,\overline{C} + \overline{\overline{A}\,\overline{B}}\,\overline{C} = \overline{C}$$

方法 2

$$F = \overline{A}\,\overline{B}\,\overline{C} + A\overline{C} + B\overline{C} \quad （加多余项）$$
$$= \overline{A}\,\overline{B}\,\overline{C} + \overline{B}\,\overline{C} + A\overline{C} + B\overline{C}$$
$$= \overline{A}\,\overline{B}\,\overline{C} + A\overline{C} + \overline{C} = \overline{C}$$

方法 3 利用吸收定理

$$F = (\overline{A}\,\overline{B} + A)\overline{C} + B\overline{C}$$
$$= (\overline{B} + A)\overline{C} + B\overline{C}$$
$$= \overline{B}\,\overline{C} + A\overline{C} + B\overline{C}$$
$$= \overline{C} + A\overline{C}$$
$$= \overline{C}$$

题型变换 函数 $F = \overline{A}\,\overline{B}\,\overline{C} + A\overline{C} + B\overline{C}$ 的最简与或式为（   ）。

A. $\overline{C}$ B. $\overline{B}\,\overline{C} + A\overline{C} + B\overline{C}$ C. $\overline{A}\,\overline{C} + A\overline{C} + B\overline{C}$ D. 1

答案：A

例 8 将逻辑函数 $F = \overline{A}C + ADE + BCDEG + A\overline{D} + A\overline{E}$ 化简成最简的与或式。

解 由于该函数变量超过了 5 个，利用卡诺图化简较困难，因此，一般用代数法化简。

$\overline{A}C$ 与 ADE 的多余项为含有 CDE 的逻辑项，因此该函数式中 $BCDEG$ 为多余项。故

$$F = \overline{A}C + ADE + BCDEG + A\overline{D} + A\overline{E}$$
$$= \overline{A}C + ADE + A(\overline{DE})$$
$$= \overline{A}C + A$$
$$= A + C$$

例 9 将函数 $F = A\overline{B} + BC$ 变换为与非式、或与式、与或非式和或非式。

解 与非式：将与或式两次取反，利用摩根定律展开一次即得

$$F = \overline{A\overline{B} + BC} = \overline{A\overline{B}} \cdot \overline{BC}$$

与或非式：先将原函数的与或式求反一次并展开得反函数的与或式，再求一次反即得与或非式

$$\overline{F} = \overline{A\overline{B} + BC} = \overline{A\overline{B}} \cdot \overline{BC}$$
$$= (\overline{A} + B)(\overline{B} + \overline{C})$$
$$= \overline{A}\,\overline{B} + \overline{A}\,\overline{C} + B\overline{C} \quad (\overline{A}\,\overline{C} \text{ 是多余项})$$
$$= \overline{A}\,\overline{B} + B\overline{C}$$

则
$$F = \overline{\overline{F}} = \overline{\overline{A}\,\overline{B} + B\overline{C}}$$

或与式：将与或非式用摩根定律展开即得

$$F = \overline{\overline{A}\,\overline{B}} \cdot \overline{B\overline{C}} = (A + B)(\overline{B} + C)$$

或与式也可运用分配律直接从与或式得到，即

$$F = A\overline{B} + BC = (A\overline{B} + B)(A\overline{B} + C)$$
$$= (A + B)(\overline{B} + B)(A + C)(\overline{B} + C)$$
$$= (A + B)(A + C)(\overline{B} + C) \quad ((A + C) \text{ 是多余项})$$
$$= (A + B)(\overline{B} + C)$$

或非式：将或与式两次取反，展开一次即得

$$F = \overline{\overline{(A + B)(\overline{B} + C)}}$$
$$= \overline{\overline{A + B} + \overline{\overline{B} + C}}$$

该例说明同一逻辑功能可以用五种不同的逻辑函数表示。

这五种形式也可通过卡诺图得到。

与或式是基本的形式，它与卡诺图有直接的对应关系。函数 $F = A\overline{B} + BC$ 的卡诺图如图 3-1(a)所示。

对与或式两次取反得到与非式。

在卡诺图上通过圈 0 得反函数的与或式，再求反一次即得与或非式，如图 3-1(b)所示。

$$\overline{F} = \overline{A}\,\overline{B} + B\overline{C}$$
$$F = \overline{\overline{F}} = \overline{\overline{A}\,\overline{B} + B\overline{C}}$$

或与式：与前述一样，对与或非式用摩根定律展开即得或与表达式。此过程可直接在卡诺图化简过程中进行。圈 0 在读结果时，将变量逐个取反相或即得每一或项，然后再将每一或项相与即得或与式，如图 3-1(c)所示。

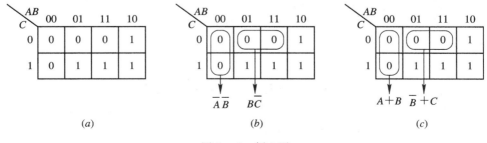

图 3-1　例 9 图

或非式：与前述一样，对或与式两次取反后用摩根定律展开一次得或非式。

说明：对于卡诺图的五种形式的化简，在学习了卡诺图化简后再来阅读它。

例 10 逻辑函数项 $A\bar{B}C$ 的逻辑相邻项有哪些？

答案： $A\bar{B}\bar{C}$、$\bar{A}\bar{B}C$、ABC。

题型变换 逻辑函数项 $A\bar{B}C$ 的逻辑相邻项有（　　）。

A. ABC　　　　B. $\bar{A}\bar{B}\bar{C}$　　　C. $A\bar{B}\bar{C}$　　　D. $\bar{A}\bar{B}C$　　　E. $AB\bar{C}$

答案： A C D

例 11 写出函数 $F=(\bar{A}+\bar{B})(B+\bar{C})(\bar{A}+C)$ 的最小项标准式。

解 **方法 1** 利用分配律将函数变换为与或式，从而获得最小项标准式。这是初学者常用的方法。对于变量少、项数少的情况此方法还可以用；当变量多、项数多时，利用该方法则十分繁琐。

$$F = (\bar{A}+\bar{B})(B+\bar{C})(\bar{A}+C)$$
$$= (\bar{A}B+\bar{A}\bar{C}+\bar{B}\bar{C})(\bar{A}+C)$$
$$= \bar{A}B+\bar{A}\bar{C}+\bar{A}\bar{B}\bar{C}+\bar{A}BC$$

则

$$F(ABC) = \sum(0, 2, 3)$$

方法 2 直接利用卡诺图获得最小项标准式。我们知道，在卡诺图上圈或与式是圈"0"，读结果时是逐位取反相或而得。现在是已知或与式，将其填入卡诺图即可得最小项标准式。具体过程如下：

$\bar{A}+\bar{B}\rightarrow AB\rightarrow$卡诺图 m_6，m_7 填"0"；

$B+\bar{C}\rightarrow\bar{B}C\rightarrow$卡诺图 m_1，m_5 填"0"；

$\bar{A}+C\rightarrow A\bar{C}\rightarrow$卡诺图 m_4，m_6 填"0"。

如图 3-2 所示，则得最小项标准式为

$$F(ABC) = \sum(0, 2, 3)$$

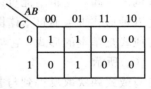

图 3-2 例 11 图

显然方法 2 较好，不易出错。

题型变换一 逻辑函数 $F=(\bar{A}+\bar{B})(B+\bar{C})(\bar{A}+C)$ 的最小项标准式为（　　）。

A. $F(ABC) = \sum(0, 2, 3)$　　　　B. $F(ABC) = \sum(1, 4, 5, 6, 7)$

C. $F(ABC) = \sum(0, 2, 3, 5)$　　　D. $F(ABC) = \sum(0, 1, 5, 7)$

答案： A

题型变换二 使逻辑函数 $F=(\bar{A}+\bar{B})(B+\bar{C})(\bar{A}+C)$ 为 0 的逻辑变量组合为（　　）。

A. $ABC=000$　　　　　　　　B. $ABC=010$

C. $ABC=011$　　　　　　　　D. $ABC=110$

答案： D

题型变换三 使逻辑函数 $F=(\bar{A}+\bar{B})(B+\bar{C})(\bar{A}+C)$ 为 1 的逻辑变量组合有（　　）。

A. $ABC=000$　　　　　　B. $ABC=001$　　　　C. $ABC=010$

D. $ABC=011$　　　　　　E. $ABC=101$

答案： A C D

例 12 在下列逻辑函数中，F 恒为 0 的是（　　）。

A. $F(ABC)=\overline{m}_0 \cdot \overline{m}_2 \cdot \overline{m}_5$ B. $F(ABC)=m_0+m_2+m_5$

C. $F(ABC)=m_0 \cdot m_2 \cdot m_5$ D. $F(ABC)=\overline{m}_0+\overline{m}_2+\overline{m}_5$

答案：C

此题关键是 F 恒为 0，即不管 ABC 取何种组合，F 均为 0。虽然 A、B、D 选项在 ABC 为某些组合时也可使 $F=0$，但在其它组合时 $F=1$。如 A 选项只有在 m_0，m_2，m_5 中至少有一项为 1 时，$F=0$；当 $m_0=m_2=m_5=0$ 时，$F=1$；B 选项只有 $m_0=m_2=m_5=0$ 时 F 才为 0，只要其中有一项为 1，则 $F=1$。D 选项也一样。故其正确答案只能是 C。

例 13 $F=B\overline{C}\overline{D}+\overline{A}\,\overline{B}D+AD+\overline{A}B\overline{C}+\overline{A}BCD$ 的最简与或式为（　　）。

A. $B\overline{C}+\overline{A}D+AD$ B. $B\overline{C}+D$ C. $B+D$ D. $B\overline{C}+\overline{C}D+CD$

答案：B

题中关键是"最简"二字，虽然 A、D 选项也与原函数功能相等，但不是最简，C 选项是错误结果。此题是考核考生对逻辑函数的化简的掌握情况，通过卡诺图化简可确定最简与或式。化简过程如图 3 - 3(a)所示。

题型变换一 求出例 13 中函数的最简与非式。

解 在卡诺图上圈上最简与或式后，将其两次取反即得最简与非式

$$F=\overline{\overline{B\overline{C}} \cdot \overline{D}}$$

题型变换二 求例 13 函数的最简与或非式。

解 在卡诺图上圈 0 得最简反函数的与或式，再求反一次即为最简与或非式。化简过程如图 3 - 3(b)所示。

得其结果为　　　　　　　　　　　$F=\overline{\overline{B}\overline{D}+C\overline{D}}$

题型变换三 求例 13 函数的最简或与式。

解 在卡诺图上圈 0 得最简反函数，求反一次即得最简或与式

$$F=\overline{\overline{B}\overline{D}+C\overline{D}}$$
$$=\overline{\overline{B}\overline{D}} \cdot \overline{C\overline{D}}$$
$$=(B+D)(\overline{C}+D)$$

上述过程直接在卡诺图上进行，如图 3 - 3(c)所示，对每一卡诺圈的结果求反，即变量逐个求反相或，然后再将每个卡诺圈的结果相与。

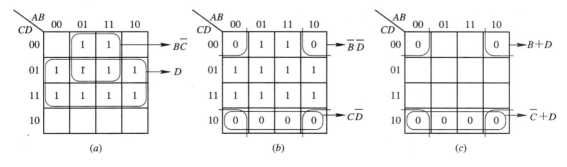

图 3 - 3　例 13 图

题型变换四 求例13函数的最简或非式。

解 将或与结果两次取反，展开一次即得最简或非式

$$F = \overline{\overline{(B+D)(\overline{C}+D)}} = \overline{\overline{B+D} + \overline{\overline{C}+D}}$$

题型变换五 例13逻辑函数的最简或非式为（　）。

A. $F = \overline{\overline{\overline{B} + \overline{D}} + \overline{\overline{C} + \overline{D}}}$　　　　B. $F = \overline{\overline{D} + \overline{B} + C}$

C. $F = \overline{\overline{B+D} + \overline{\overline{C}+D}}$　　　　D. $F = \overline{\overline{B+D} \cdot \overline{\overline{C}+D}}$

答案：C

题型变换六 与逻辑函数 $F = B\overline{C}\overline{D} + \overline{A}\overline{B}D + AD + \overline{A}B\overline{C} + \overline{A}BCD$ 逻辑功能相同的函数式有（　）。

A. $B\overline{C} + D$　　　　　　　　　B. $\overline{\overline{B+D} + \overline{\overline{C}+D}}$

C. $\overline{\overline{B}\overline{D} + C\overline{D}}$　　　　D. $(B+D)(\overline{C}+D)$　　　E. $\overline{\overline{BC} \cdot \overline{D}}$

答案：A B C D E

做此类题时要求读者自己在卡诺图上化简，关键是选项A"与或式"和选项C"与或非"式。选项E由选项A演变而来，选项B、D由选项C演变而来。

注意以下几点：

（1）逻辑函数与卡诺图的对应关系，如卡诺图不正确，函数化简就不可能进行。

（2）化简与或式和与非式时圈1，而化简与或非式、或与式和或非式时圈0，这是化简的关键之处。

例14 将逻辑函数 $F = \sum(0,4,6,8,9,10,12,13,14)$ 化简成最简的或非式。

解 函数的卡诺图如图3-4所示。在卡诺图上圈0，其结果直接标在卡诺图上，得或与式

$$F = (A+\overline{D})(\overline{C}+\overline{D})(A+B+\overline{C})$$

将其两次取反，展开一次即得最简或非式

$$F = \overline{\overline{A+\overline{D}} + \overline{\overline{C}+\overline{D}} + \overline{A+B+\overline{C}}}$$

如果将卡诺图圈得的每一圈视为或非项，每一或非项加至或非门输出，可直接得或非表达式。

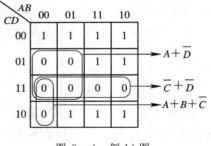

图3-4　例14图

题型变换 例14逻辑函数的最简或非式为（　）。

A. $F = \overline{\overline{C+D} + \overline{\overline{A}+C} + \overline{\overline{B}+D} + \overline{\overline{A}+D}}$

B. $F = \overline{\overline{\overline{C}+\overline{D}} + \overline{\overline{A}+\overline{C}} + \overline{B+\overline{D}} + \overline{A+\overline{D}}}$

C. $F = \overline{\overline{\overline{A}+D} + \overline{\overline{C}+D} + \overline{\overline{A}+\overline{B}+C}}$

D. $F = \overline{\overline{A+\overline{D}} + \overline{\overline{C}+\overline{D}} + \overline{A+B+\overline{C}}}$

答案：D

选项A、B的错误在于圈的是1，选项C的错误在于变量没有求反。

例 15 逻辑函数 $F(ABCD) = \sum(0, 1, 4, 10, 11, 14) + \sum(5, 7, 13, 15)$，试将其化简成最简与非式。

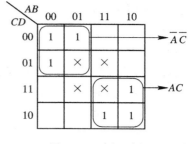

图 3-5 例 15 图

解 函数的卡诺图及化简过程如图 3-5 所示。

$$F = \overline{A}\overline{C} + AC = \overline{\overline{A}\overline{C} \cdot \overline{AC}}$$

该题主要考虑无关项，它对化简有利则视为 1，否则视为 0。有无关项而不利用，这样化简的逻辑函数一般不是最简式。

题型变换 逻辑函数 $F(ABCD) = \sum(0, 1, 4, 10, 11, 14) + \sum_d(5, 7, 13, 15)$ 的最简与非式是（ ）。

A. $F = \overline{\overline{A}\overline{C}\overline{D} \cdot \overline{A}\overline{B}\overline{C}\overline{A}\overline{B}\overline{C}\overline{A}\overline{C}\overline{D}}$

B. $F = \overline{\overline{A}\overline{C}\,\overline{AC}\,\overline{BD}}$

C. $F = \overline{\overline{A}\overline{C}\,\overline{AC}}$

D. $F = \overline{AC\,\overline{AC}}$

答案：C

例 16 逻辑函数 $F(ABCD) = \sum(0, 2, 5, 7, 8)$，约束条件为 $AB + AC = 0$，将其化简成最简与或式。

解 函数的卡诺图及化简过程如图 3-6(a) 所示。

$$F = BD + \overline{B}\overline{D}$$

初学者对约束项 $AB + AC = 0$ 往往不理解，常常在卡诺图上填 0，这显然是错误的。不给出 $AB + AC = 0$ 条件，对应方格填 0，给了此条件仍填 0，$AB + AC = 0$ 就没有意义了。该条件说明，函数 $F = \sum(0, 2, 5, 7, 8)$ 的成立要满足 $AB + AC = 0$ 这个前提，即 AB 不能同时为 1，AC 也不能同时为 1，因此对应处应填入无关项。它与 $\sum_d(10, 11, 12, 13, 14, 15)$ 的表示法是一致的。

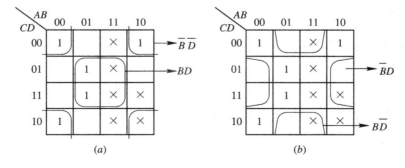

图 3-6 例 16 图

题型变换 逻辑函数 $F(ABCD) = \sum(0, 2, 5, 7, 8)$，约束条件为 $AB + AC = 0$，其最简与或非式为（ ）。

A. $F=\overline{B\overline{D}}+BD$　　　　B. $F=\overline{\overline{B}\overline{D}+\overline{B}D}$

C. $F=\overline{AB}D+\overline{B}CD+\overline{A}B\overline{D}$　　D. $F=\overline{A\overline{B}\overline{D}+BC\overline{D}+A\overline{B}D}$

答案：B

在卡诺图上圈"0"取反即得。其化简过程如图 3 - 6(b)所示。

例 17 逻辑函数 $F=(B+D)(B+\overline{C}+\overline{D})(\overline{A}+B+D)(\overline{A}+\overline{C}+\overline{D})$ 的最简与或式为

（　　）。

A. $F=\overline{A}B+B\overline{D}+\overline{C}D$

B. $F=B\overline{C}+\overline{C}D+B\overline{D}+\overline{A}B$

C. $F=B\overline{D}+B\overline{C}+ACD$

D. $F=B\overline{C}+\overline{C}D+\overline{A}B+BCD$

答案：A

此题与例 11 相似，首先将函数用卡诺图表示
出来，然后按化简与或式的方法进行化简。化简过
程如下：

$B+D\rightarrow\overline{B}\overline{D}\rightarrow$卡诺图上 m_0，m_2，m_8，m_{10} 填 0；

$B+\overline{C}+\overline{D}\rightarrow\overline{B}CD\rightarrow$卡诺图上 m_3，m_{11} 填 0；

$\overline{A}+B+D\rightarrow A\overline{B}\overline{D}\rightarrow$卡诺图上 m_8，m_{10} 填 0；

$\overline{A}+\overline{C}+\overline{D}\rightarrow ACD\rightarrow$卡诺图上 m_{11}，m_{15} 填 0。

其卡诺图及化简过程如图 3 - 7 所示。

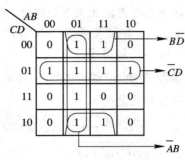

图 3 - 7　例 17 图

例 18 函数 $F=\overline{A}\overline{C}+\overline{A}B+BC$ 的最简与非式为（　　）。

A. $F=\overline{\overline{A}\overline{C}\,\overline{B}\overline{C}}$　　B. $F=\overline{\overline{\overline{A}\overline{C}}\,BC}$　　C. $F=\overline{\overline{A}C\,\overline{B}C}$　　D. $F=\overline{\overline{AB}\overline{CD}}$

答案：C

本题的关键仍然是如何用卡诺图表示该函数。
已知与或非式是圈 0 所得函数的反函数，取反即得
与或非式。现在是已知与或非函数，填出卡诺图，
是化简的逆过程。

$\overline{A}C\rightarrow$卡诺图上 m_0，m_1，m_4，m_5 填 0；

$\overline{A}B\rightarrow$卡诺图上 m_4，m_5，m_6，m_7 填 0；

$BC\rightarrow$卡诺图上 m_6，m_7，m_{14}，m_{15} 填 0。

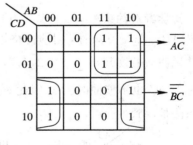

图 3 - 8　例 18 图

这样即得函数的卡诺图，然后按与非一与非式化简方法进行化简即得结果。化简过程如图
3 - 8 所示。

例 19 函数 $F=\overline{A}(B\oplus C)+A\overline{B}$，约束条件为 $\overline{A}BC+AB\overline{C}=0$，其最简与或式为（　　）。

A. $F=A\overline{B}+B\overline{C}+\overline{A}C$　　　　B. $F=A\overline{C}+\overline{B}C+\overline{A}B$

C. $F=\overline{A}C+\overline{A}B+A\overline{B}$　　　　D. $F=B\overline{C}+\overline{A}B+A\overline{B}$

E. $F=\overline{B}C+B\overline{C}+A\overline{C}$

答案：A B C D E

虽然五个结果的函数表达式不同，但均是最简结果，只是在卡诺图上的圈法不同而
已。其卡诺图及化简过程如图 3 - 9 所示。

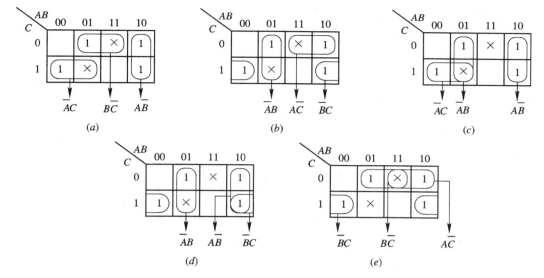

图 3 - 9   例 19 图

例 20   函数 F 的反函数 $\overline{F}=\overline{\overline{\overline{ACD}}\,\overline{\overline{ABC}}\,\overline{\overline{BCD}}}$，约束条件为 $BD+ABC=0$，则函数 F 的最简与或式为（   ）。

A. $F=B\overline{C}+\overline{A}C+\overline{C}D$ 　　　　B. $F=\overline{A}B\overline{D}+A\overline{D}$

C. $F=\overline{B}\,\overline{C}D+\overline{A}D$ 　　　　　D. $F=\overline{C}D+B\overline{C}+AC$

答案：D

题目给的反函数是与非—与非表达式，而求的是原函数的与或式。读者应加以注意，否则很容易出错。

3.3   练 习 题 题 解

1. 列出下列问题的真值表，并写出逻辑表达式。

（1）设三变量 A、B、C 当变量组合值中出现奇数个 1 时，输出（F_1）为 1，否则为 0。

（2）设三变量 A、B、C 当输入端信号不一致时，输出（F_2）为 1，否则为 0。

（3）列出三变量多数表决器的真值表（输出用 F_3 表示）。

（4）一位二进制数加法电路，有三个输入端 A、B、C，它们分别为加数、被加数及由低位来的进位位，有两个输出端 S、C_{i+1} 分别表示本位和数及向高位的进位数。

解   真值表如表 3-1 所示。将 $F=1$ 的与项相或即得 F 的逻辑表达式。

$$F_1=\overline{A}\,\overline{B}C+\overline{A}B\overline{C}+A\overline{B}\,\overline{C}+ABC$$

$$F_2=\overline{A}\,\overline{B}C+\overline{A}B\overline{C}+\overline{A}BC+A\overline{B}\,\overline{C}+A\overline{B}C+AB\overline{C}$$

$$F_3=\overline{A}BC+A\overline{B}C+AB\overline{C}+ABC$$

$$S=\overline{A}\,\overline{B}C+\overline{A}B\overline{C}+A\overline{B}\,\overline{C}+ABC$$

$$C_{i+1}=\overline{A}BC+A\overline{B}C+AB\overline{C}+ABC$$

表 3 - 1   题 1 真值表

A	B	C	F_1	F_2	F_3	S	C_{i+1}
0	0	0	0	0	0	0	0
0	0	1	1	1	0	1	0
0	1	0	1	1	0	1	0
0	1	1	0	1	1	0	1
1	0	0	1	1	0	1	0
1	0	1	0	1	1	0	1
1	1	0	0	1	1	0	1
1	1	1	1	0	1	1	1

27

2. 用真值表证明下列逻辑等式：

(1) $A+BC=(A+B)(A+C)$

(2) $AB+A\overline{B}+\overline{A}B=A+B$

(3) $\overline{A}\,\overline{B}+\overline{A}B+A\overline{B}+AB=1$

(4) $\overline{AB+\overline{A}C}=A\overline{B}+\overline{A}C$

(5) $AB+BC+AC=(A+B)(B+C)(A+C)$

(6) $ABC+\overline{A}+\overline{B}+\overline{C}=1$

证 (1) 证明过程如表 3 - 2 所示。

表 3 - 2 等式(1)的证明过程

A	B	C	A	BC	$A+BC$	$A+B$	$A+C$	$(A+B)(A+C)$
0	0	0	0	0	0	0	0	0
0	0	1	0	0	0	0	1	0
0	1	0	0	0	0	1	0	0
0	1	1	0	1	1	1	1	1
1	0	0	1	0	1	1	1	1
1	0	1	1	0	1	1	1	1
1	1	0	1	0	1	1	1	1
1	1	1	1	1	1	1	1	1

相等

(2) 证明过程如表 3 - 3 所示。

表 3 - 3 等式(2)的证明过程

A	B	AB	$A\overline{B}$	$\overline{A}B$	$AB+A\overline{B}+\overline{A}B$	$A+B$
0	0	0	0	0	0	0
0	1	0	0	1	1	1
1	0	0	1	0	1	1
1	1	1	0	0	1	1

相等

(3) 证明过程如表 3 - 4 所示。

表 3 - 4 等式(3)的证明过程

A	B	$\overline{A}\,\overline{B}+\overline{A}B+A\overline{B}+AB$
0	0	$1+0+0+0=1$
0	1	$0+1+0+0=1$
1	0	$0+0+1+0=1$
1	1	$0+0+0+1=1$

（4）证明过程如表 3-5 所示。

表 3-5　等式(4)的证明过程

A	B	C	AB	$\overline{AC}$	$\overline{AB+\overline{AC}}$	$\overline{AB}$	$\overline{\overline{AC}}$	$\overline{AB}+\overline{\overline{AC}}$
0	0	0	0	0	1	0	1	1
0	0	1	0	1	0	0	0	0
0	1	0	0	0	1	0	1	1
0	1	1	0	1	0	0	0	0
1	0	0	0	0	1	1	0	1
1	0	1	0	0	1	1	0	1
1	1	0	1	0	0	0	0	0
1	1	1	1	0	0	0	0	0

相等

（5）证明过程如表 3-6 所示。

表 3-6　等式（5）的证明过程

A	B	C	AB+BC+AC	A+B	B+C	A+C	
0	0	0	0 + 0 + 0=0	0	0	0	=0
0	0	1	0 + 0 + 0=0	0	1	1	=0
0	1	0	0 + 0 + 0=0	1	1	0	=0
0	1	1	0 + 1 + 0=1	1	1	1	=1
1	0	0	0 + 0 + 0=0	1	0	1	=0
1	0	1	0 + 0 + 1=1	1	1	1	=1
1	1	0	1 + 0 + 0=1	1	1	1	=1
1	1	1	1 + 1 + 1=1	1	1	1	=1

相等

（6）证明过程如表 3-7 所示。

表 3-7　等式（6）的证明过程

A	B	C	$ABC+\overline{A}+\overline{B}+\overline{C}$
0	0	0	0 +1+1+1=1
0	0	1	0 +1+1+0=1
0	1	0	0 +1+0+1=1
0	1	1	0 +1+0+0=1
1	0	0	0 +0+1+1=1
1	0	1	0 +0+1+0=1
1	1	0	0 +0+0+1=1
1	1	1	1 +0+0+0=1

3. 写出下列函数的对偶式 G 及反函数 $\overline{F}$。

(1) $F = \overline{A}\overline{B} + CD$

(2) $F = \overline{A + B + \overline{C} + \overline{D + E}}$

(3) $F = A\overline{BC} + (\overline{A} + \overline{B}\overline{C}) \cdot (A + C)$

(4) $F = (A + B + C)\overline{A}\overline{B}\overline{C} = 0$

(5) $F = AB + \overline{CD} + \overline{BC + \overline{D} + \overline{C}E + \overline{D + E}}$

解 对偶法则：将原式 $+ \to \cdot$，$\cdot \to +$，$1 \to 0$，$0 \to 1$，并保持原来的优先级别，即得原函数对偶式。

反演法则：将原函数中 $+ \to \cdot$，$\cdot \to +$，$0 \to 1$，$1 \to 0$，原变量 $\to$ 反变量，反变量 $\to$ 原变量，两个或两个以上变量的非号不变，并保持原来的优先级别，得原函数的反函数。

(1) $F = \overline{A}\overline{B} + CD$

$\quad G = (\overline{A} + \overline{B}) \cdot (C + D)$

$\quad \overline{F} = (A + B) \cdot (\overline{C} + \overline{D})$

(2) $F = \overline{A + B + \overline{C} + \overline{D + E}}$

$\quad G = \overline{A B \overline{C} \overline{DE}}$

$\quad \overline{F} = \overline{\overline{A}\overline{B}C\overline{D} \cdot E}$

(3) $F = A\overline{BC} + (\overline{A} + \overline{B}\overline{C}) \cdot (A + C)$

$\quad G = (A + \overline{B + C}) \cdot \{[\overline{A} \cdot (\overline{B} + \overline{C})] + AC\}$

$\quad \overline{F} = (\overline{A} + \overline{B + C}) \cdot \{[A \cdot (B + C)] + \overline{A}\overline{C}\}$

(4) $F = (A + B + C)\overline{A}\overline{B}\overline{C} = 0$

$\quad G = ABC + (\overline{A} + \overline{B} + \overline{C}) = 1$

$\quad \overline{F} = \overline{A}\overline{B}\overline{C} + (A + B + C) = 1$

(5) $F = AB + \overline{CD} + \overline{BC + \overline{D} + \overline{C}E + \overline{D + E}}$

$\quad G = (A + B)\overline{C + D} \cdot \overline{(B + C)\overline{D}(\overline{C} + E)\overline{DE}}$

$\quad \overline{F} = (\overline{A} + \overline{B})\overline{\overline{C} + \overline{D}} \cdot \overline{(\overline{B} + \overline{C})D(C + \overline{E})\overline{D} \cdot \overline{E}}$

4. 用公式证明下列各等式。

(1) $\overline{\overline{A}B + A\overline{B}} = (A + \overline{B})(\overline{A} + B)$

(2) $A \oplus B \oplus C = A \odot B \odot C$

(3) $A\overline{B}\overline{C} + \overline{A}B\overline{C} + \overline{A}\overline{B}C + ABC = A \oplus B \oplus C$

(4) $ABC + \overline{A}\overline{B}\overline{C} = \overline{A}\overline{B} + \overline{B}\overline{C} + \overline{C}\overline{A}$

证 (1) 左式 $= \overline{\overline{A}B + A\overline{B}} = \overline{\overline{A}B} \cdot \overline{A\overline{B}} = (A + \overline{B})(\overline{A} + B)$

(2) 左式 $= A \oplus B \oplus C = \overline{A}\overline{B}C + \overline{A}B\overline{C} + A\overline{B}\overline{C} + ABC$

$\quad = \overline{A}(B \oplus C) + A(B \odot C) = \overline{A}(\overline{B \odot C}) + A(B \odot C)$

$\quad = A \odot B \odot C$

— 30 —

（3）左式 $=A\bar{B}\bar{C}+\bar{A}\bar{B}C+\bar{A}B\bar{C}+ABC$

$\qquad = A(\bar{B}\bar{C}+BC)+\bar{A}(\bar{B}C+B\bar{C})$

$\qquad = A(B\odot C)+\bar{A}(B\oplus C)$

$\qquad = A(\overline{B\oplus C})+\bar{A}(B\oplus C)=A\oplus B\oplus C$

（4）右式 $=\overline{\overline{AB}+\overline{BC}+\overline{CA}}=\overline{AB}\cdot\overline{BC}\cdot\overline{CA}$

$\qquad = (\bar{A}+B)(\bar{B}+C)(\bar{C}+A)$

$\qquad = (\bar{A}\bar{B}+\bar{A}C+BC)(\bar{C}+A)$

$\qquad = \bar{A}\bar{B}\bar{C}+ABC$

5. 用逻辑代数公式，将下列函数化简成最简的与或式。

（1）$F=ABC+\bar{A}+\bar{B}+\bar{C}$

（2）$F=A\bar{B}+A\bar{C}+B\bar{C}+A\bar{B}C+AB\bar{C}D$

（3）$F=AB+ABD+\bar{A}C+BCD$

（4）$F=(A\oplus B)\overline{\overline{A}\overline{B}}+\bar{A}B+AB$

（5）$F=A(\bar{A}+B)+B(B+C)+B$

（6）$F=\overline{\overline{AB+\bar{A}\,\bar{B}}\,\overline{BC+\bar{B}\bar{C}}}$

（7）$F=\overline{\overline{AC+\bar{B}C}+B(A\bar{C}+\bar{A}C)}$

（8）$F=A\bar{C}D+BC+\bar{B}D+A\bar{B}+\bar{A}C+\bar{B}C$

解

（1）$F=ABC+\overline{ABC}=1$

（2）$F=A\bar{B}+A\bar{C}+B\bar{C}=A\bar{B}+B\bar{C}$

（3）$F=AB+\bar{A}C+BCD=AB+\bar{A}C$

（4）$F=A\oplus B+AB=A\bar{B}+\bar{A}B+AB=A+B$

（5）$F=AB+B+BC+B=B$

（6）$F=AB+\bar{A}\bar{B}+BC+\bar{B}\bar{C}$

$\qquad = AB+\bar{A}B\bar{C}+\bar{A}\bar{B}C+ABC+\bar{A}BC+\bar{B}\bar{C}$

$\qquad = AB+\bar{A}B\bar{C}+\bar{A}C+ABC+\bar{B}\bar{C}$

$\qquad = AB+\bar{A}C+\bar{B}\bar{C}$

或 $\quad F=ABC+AB\bar{C}+\bar{A}B+BC+\bar{A}B\bar{C}+A\bar{B}\bar{C}$

$\qquad = ABC+A\bar{C}+\bar{A}B+BC+\bar{A}B\bar{C}$

$\qquad = BC+A\bar{C}+\bar{A}B$

（7）$F=(AC+\bar{B}C)\cdot\overline{B(A\bar{C}+\bar{A}C)}$

$\qquad = (AC+\bar{B}C)[\bar{B}+\overline{A\bar{C}+\bar{A}C}]$

$\qquad = (AC+\bar{B}C)[\bar{B}+\bar{A}C+AC]$

$\qquad = A\bar{B}C+AC+\bar{B}C+A\bar{B}C$

$\qquad = AC+\bar{B}C$

(8) $F = A\overline{C}\overline{D} + BC + \overline{B}D + A\overline{B} + \overline{A}C + \overline{B}\overline{C} + \overline{B}C$

$\quad = A\overline{C}\overline{D} + BC + \overline{B}D + A\overline{B} + \overline{A}C + \overline{B}$

$\quad = A\overline{C}\overline{D} + BC + \overline{A}C + \overline{B}$

$\quad = A\overline{C}\overline{D} + C + \overline{A}C + \overline{B}$

$\quad = A\overline{C}\overline{D} + C + \overline{B}$

$\quad = A\overline{D} + C + \overline{B}$

6. 用卡诺图将下列函数化简成最简与非式,并分别用与门、或门和与非门实现。

(1) 第 5 题中的(2)、(3)、(8)

(2) $F(ABCD) = \sum(0, 1, 3, 4, 5, 7)$

(3) $F(ABC) = \sum(0, 2, 4, 6)$

(4) $F(ABCD) = \sum(0, 2, 8, 10)$

(5) $F(ABCD) = \sum(0, 2, 3, 5, 7, 8, 10, 11, 13, 15)$

(6) $F(ABCD) = \sum(1, 2, 3, 4, 5, 7, 9, 15)$

(7) $F(ABCDE) = \sum(0,2,4,5,7,9,13,14,15,16,18,20,21,23,25,29,30,31)$

解 (1) 题 5(2)卡诺图化简过程如图 3 - 10(a)所示。化简结果为

$$F = A\overline{B} + B\overline{C}$$

将其二次求反,用求反律运算一次即得与非式

$$F = \overline{\overline{A\overline{B} + B\overline{C}}} = \overline{\overline{A\overline{B} \cdot \overline{B\overline{C}}}}$$

其逻辑图如图 3 - 10(b)所示。

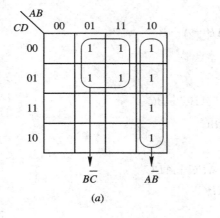 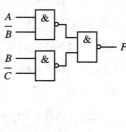

$$(a) \qquad\qquad\qquad (b)$$

图 3 - 10 题 6(1)图之一

题 5(3)卡诺图化简过程如图 3 - 11(a)所示。化简结果为

$$F = AB + \overline{A}C = \overline{\overline{AB + \overline{A}C}} = \overline{\overline{AB} \cdot \overline{\overline{A}C}}$$

其逻辑图如图 3 - 11(b)所示。

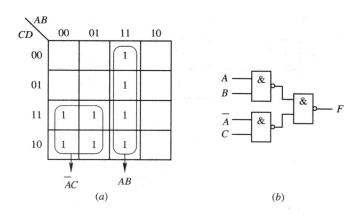

(a)   (b)

图 3 - 11 题 6(1)图之二

题 5(8)卡诺图化简过程如图 3 - 12(a)所示。化简结果为

$$F = \overline{B} + C + A\overline{D} = \overline{\overline{\overline{B} + C + A\overline{D}}} = \overline{\overline{B}\overline{C} \, \overline{A\overline{D}}}$$

其逻辑图如图 3 - 12(b)所示。

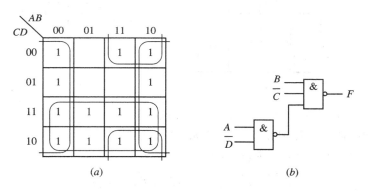

(a)   (b)

图 3 - 12 题 6(1)图之三

（2）卡诺图化简过程如图 3 - 13(a)所示。化简结果为

$$F = \overline{B} + C = \overline{\overline{\overline{B} + C}} = \overline{\overline{B}\overline{C}}$$

其逻辑图如图 3 - 13(b)所示。

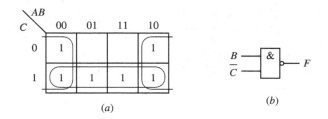

(a)   (b)

图 3 - 13 题 6(2)图

（3）卡诺图化简过程如图 3 - 14(a)所示。化简结果为

$$F = \overline{C}$$

其逻辑图如图 3 - 14(b)所示。

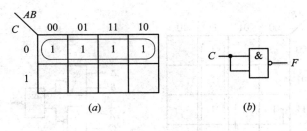

图 3 - 14　题 6(3)图

（4）卡诺图化简过程如图 3 – 15(a)所示。化简结果为

$$F = \overline{B}\,\overline{D} = \overline{\overline{\overline{B}\,\overline{D}}}$$

其逻辑图如图 3 – 15(b)所示。

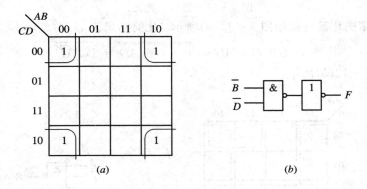

图 3 - 15　题 6(4)图

（5）卡诺图化简过程如图 3 – 16(a)所示。化简结果为

$$F = BD + \overline{B}\,\overline{D} + CD$$
$$= \overline{\overline{BD + \overline{B}\,\overline{D} + CD}} = \overline{\overline{BD} \cdot \overline{\overline{B}\,\overline{D}} \cdot \overline{CD}}$$

其逻辑图如图 3 – 16(b)所示。

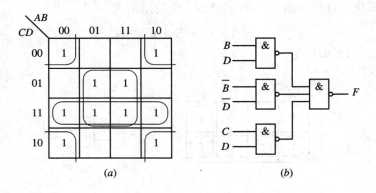

图 3 - 16　题 6(5)图

（6）卡诺图化简过程如图 3 – 17(a)所示。化简结果为

$$F = \overline{A}\,\overline{B}C + \overline{B}\,\overline{C}D + \overline{A}B\overline{C} + BCD = \overline{\overline{A}\,\overline{B}C \cdot \overline{\overline{B}\,\overline{C}D} \cdot \overline{\overline{A}B\overline{C}} \cdot \overline{BCD}}$$

其逻辑图如图 3 – 17(b)所示。

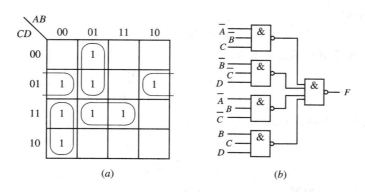

图 3 - 17   题 6(6)图

（7）卡诺图化简过程如图 3 - 18(a) 所示。

从图中可看出五变量卡诺图的对折关系。卡诺圈可按下列规律合并：以 mm' 线对折，m_0、m_4 分别与 m_{16}、m_{20} 重合。故

$$m_0 + m_4 + m_{16} + m_{20} = \overline{B}\,\overline{D}\,\overline{E}$$

$$m_9 + m_{13} + m_{25} + m_{29} = B\overline{D}E$$

$$m_5 + m_7 + m_{13} + m_{15} + m_{21} + m_{23} + m_{29} + m_{31} = CE$$

$$m_{14} + m_{15} + m_{30} + m_{31} = BCD$$

$$m_0 + m_2 + m_{16} + m_{18} = \overline{B}\,\overline{C}\,\overline{E}$$

则化简结果为

$$F = CE + \overline{B}\,\overline{D}\,\overline{E} + B\overline{D}E + BCD + \overline{B}\,\overline{C}\,\overline{E}$$
$$= \overline{\overline{CE} \cdot \overline{\overline{B}\,\overline{D}\,\overline{E}} \cdot \overline{B\overline{D}E} \cdot \overline{BCD} \cdot \overline{\overline{B}\,\overline{C}\,\overline{E}}}$$

其逻辑图如图 3 - 18(b) 所示。

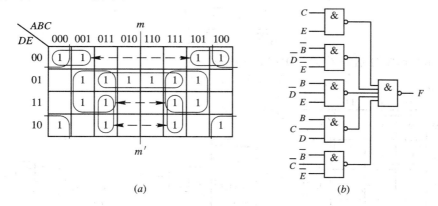

图 3 - 18   题 6(7)图

7. 将第 6 题各函数化简成或与式和或非式，并用相应门实现。

解   利用最小项卡诺图将函数化简为或与式的过程是：圈"0"方格得反函数，求反一次，并利用求反律展开，即得或与式。对或与式两次取反，利用求反律展开一次，即得或非表达式。

（1）题 5(2)化简过程如图 3 - 19(a) 所示。

圈"0"得反函数

$$\overline{F} = BC + \overline{A}\,\overline{B}$$

求反一次并展开得原函数的或与式

$$F = \overline{\overline{F}} = \overline{BC + \overline{AB}}$$
$$= (\overline{B} + \overline{C})(A + B)$$

再二次求反，展开一次得或非式

$$F = \overline{\overline{(\overline{B} + \overline{C})(A + B)}}$$
$$= \overline{\overline{B + \overline{C}} + \overline{A + B}}$$

或与及或非逻辑图分别如图 3-19(b)、(c)所示。

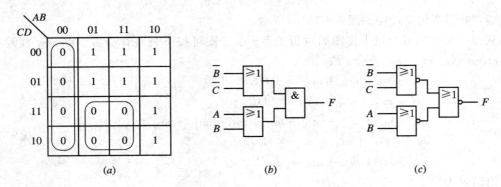

图 3-19 题 7(1)图之一

题 5(3)卡诺图化简过程如图 3-20(a)所示。化简结果为

$$\overline{F} = \overline{A}\overline{C} + A\overline{B}$$
$$F = (A + C)(\overline{A} + B) \qquad \text{或与式}$$
$$F = \overline{\overline{A + C} + \overline{\overline{A} + B}} \qquad \text{或非式}$$

或与及或非逻辑图分别如图 3-20(b)、(c)所示。

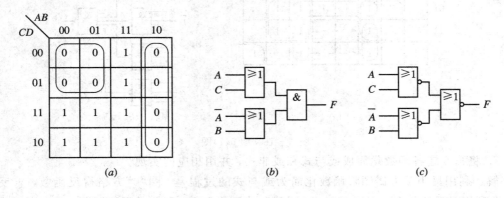

图 3-20 题 7(1)图之二

题 5(8)卡诺图化简过程如图 3-21(a)所示。化简结果为

$$\overline{F} = \overline{A}B\overline{C} + B\overline{C}D$$

$$F = \overline{\overline{F}} = (A + \overline{B} + C)(\overline{B} + C + \overline{D}) \qquad \text{或与式}$$
$$= \overline{\overline{A + \overline{B} + C} \, \overline{\overline{B} + C + \overline{D}}} \qquad \text{或非式}$$

或与及或非逻辑图分别如图 3-21(b)、(c)所示。

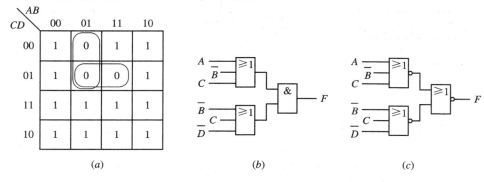

(a)　　　　　(b)　　　　　(c)

图 3-21　题 7(1)图之三

（2）卡诺图化简过程如图 3-22(a)所示。化简结果为

$$\overline{F} = B\overline{C}$$
$$F = \overline{\overline{F}} = \overline{B} + C \qquad \text{或与式}$$
$$= \overline{\overline{\overline{B} + C}} \qquad \text{或非式}$$

或与及或非逻辑图分别如图 3-22(b)、(c)所示。

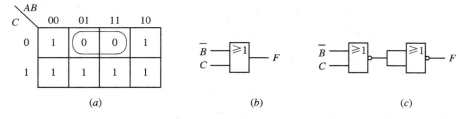

(a)　　　　　(b)　　　　　(c)

图 3-22　题 7(2)图

（3）卡诺图化简过程如图 3-23 所示。化简结果为

$$\overline{F} = C \qquad \text{或与式}$$
$$F = \overline{C} \qquad \text{或非式}$$

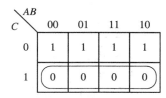

图 3-23　题 7(3)图

（4）卡诺图化简过程如图 3-24(a)所示。化简结果为

$$\overline{F} = B + D$$
$$F = \overline{B\,\overline{D}} \qquad \text{或与式}$$
$$= \overline{\overline{\overline{B} + \overline{D}}} \qquad \text{或非式}$$

或与及或非逻辑图分别如图 3-24(b)、(c)所示。

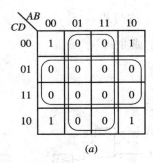

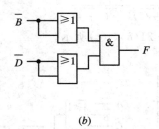

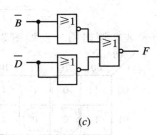

图 3-24 题 7(4)图

（5）卡诺图化简过程如图 3-25(a)所示。化简结果为

$$\overline{F} = B\overline{D} + \overline{B}\overline{C}D$$

$$F = (\overline{B} + D)(B + C + \overline{D}) \qquad \text{或与式}$$

$$= \overline{\overline{B} + D} + \overline{B + C + \overline{D}} \qquad \text{或非式}$$

或与及或非逻辑图分别如图 3-25(b)、(c)所示。

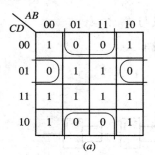

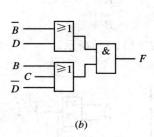

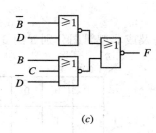

图 3-25 题 7(5)图

（6）卡诺图化简过程如图 3-26(a)所示。化简结果为

$$\overline{F} = \overline{B}\overline{C}D + AB\overline{C} + BC\overline{D} + A\overline{B}C$$

$$F = (B + C + D)(\overline{A} + \overline{B} + C)(\overline{B} + \overline{C} + D)(\overline{A} + B + \overline{C}) \qquad \text{或与式}$$

$$= \overline{\overline{B + C + D} + \overline{\overline{A} + \overline{B} + C} + \overline{\overline{B} + \overline{C} + D} + \overline{\overline{A} + B + \overline{C}}} \qquad \text{或非式}$$

或与及或非逻辑图分别如图 3-26(b)、(c)所示。

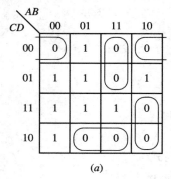

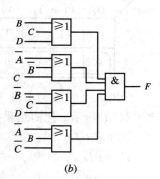

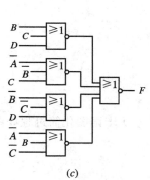

图 3-26 题 7(6)图

（7）卡诺图化简过程如图 3 - 27(a)所示。

化简结果为

$$\overline{F} = B\overline{D}\,\overline{E} + \overline{B}\,\overline{C}E + \overline{B}\,\overline{C}D + \overline{B}CD\overline{E}$$

$$F = (\overline{B} + D + E)(B + C + \overline{E})(\overline{B} + C + \overline{D})(\overline{B} + \overline{C} + \overline{D} + E) \quad 或与式$$

$$= \overline{\overline{B} + D + E} + \overline{B + C + \overline{E}} + \overline{\overline{B} + C + \overline{D}} + \overline{\overline{B} + \overline{C} + \overline{D} + E} \quad 或非式$$

或与及或非逻辑图分别如图 3 - 27(b)、(c)所示。

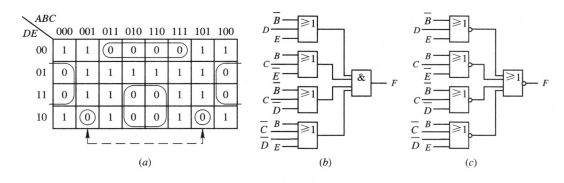

图 3 - 27 题 7(7)图

8. 将第 6 题中各函数化简成最简与或非式，并用与或非门实现。

解 与或非式的化简和或与式化简方法相同。圈"0"得反函数，求反一次不展开即得与或非式的原函数。其过程与题 7 的一样，不再重述。

题 6(1) 化简结果分别为

题 5(2) $F = \overline{BC + \overline{A}\,\overline{B}}$

题 5(3) $F = \overline{\overline{A}\,\overline{C} + A\overline{B}}$

题 5(8) $F = \overline{\overline{A}B\overline{C} + BC\overline{D}}$

其逻辑图分别如图 3 - 28(a)、(b)、(c)所示。

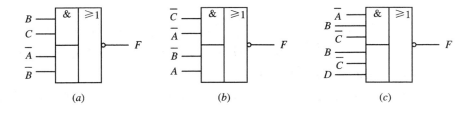

图 3 - 28 题 8(1)图

题 6(2)、(3)、(4)化简结果分别为

$$F = \overline{B\overline{C}}$$

$$F = \overline{C}$$

$$F = \overline{B + D}$$

其逻辑图分别如图 3 - 29(a)、(b)、(c)所示。

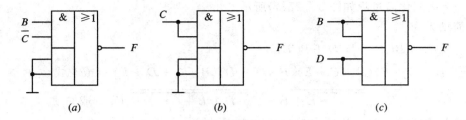

图 3 - 29　题 8(2)、(3)、(4)图

题 6(5)、(6)、(7)化简结果分别为

$$F = \overline{\overline{BD} + \overline{B}\overline{C}D}$$

$$F = \overline{\overline{BC}D + A\overline{BC} + \overline{BC}\overline{D} + A\overline{BC}}$$

$$F = \overline{\overline{BD}\overline{E} + \overline{BC}E + \overline{BC}D + \overline{BCDE}}$$

其逻辑图分别如图 3 - 30(a)、(b)、(c)所示。

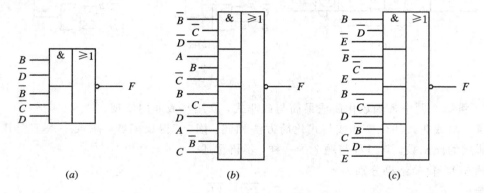

图 3 - 30　题 8(5)、(6)、(7)图

9. 用卡诺图将下列含有无关项的逻辑函数化简为最简与或式、与非式、与或非式、或与式和或非式。

(1) $F(ABCD) = \sum(0, 1, 5, 7, 8, 11, 14) + \sum_d(3, 9, 15)$

(2) $F(ABCD) = \sum(1, 2, 5, 6, 10, 11, 12, 15) + \sum_d(3, 7, 8, 14)$

(3) $F = AB\overline{C} + A\overline{B}\,\overline{C} + \overline{A}\,\overline{B}C\overline{D} + A\overline{B}C\overline{D}$（变量 $ABCD$ 不可能出现相同取值）

(4) $F = \overline{A}BC + ABC + \overline{A}\,\overline{B}C\overline{D}$，约束条件为 $A\overline{B} + \overline{A}B = 0$

解　含有无关项的逻辑函数化简时，对无关项的处理原则是：对化简有利则圈进卡诺圈，否则不圈。

(1) 与或式、与非式化简过程如图 3 - 31(a)所示。化简结果为

$$F = \overline{B}\,\overline{C} + \overline{A}D + CD + ABC \qquad\qquad 与或式$$

$$F = \overline{\overline{B}\,\overline{C} \cdot \overline{\overline{A}D} \cdot \overline{CD} \cdot \overline{ABC}} \qquad\qquad 与非式$$

与或非式、或与式和或非式化简如图 3 - 31(b)所示。化简结果为

$$\overline{F} = AB\overline{C} + \overline{A}B\overline{D} + \overline{B}C\overline{D} \qquad\qquad 反函数$$

$$F = \overline{AB\overline{C} + \overline{A}B\overline{D} + \overline{B}C\overline{D}} \qquad\qquad 与或非式$$

— 40 —

$$F = (\overline{A} + \overline{B} + C)(A + \overline{B} + D)(B + \overline{C} + D) \qquad \text{或与式}$$

$$F = \overline{\overline{\overline{A} + \overline{B} + C} + \overline{A + \overline{B} + D} + \overline{B + \overline{C} + D}} \qquad \text{或非式}$$

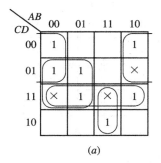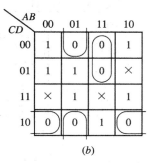

图 3 - 31　题 9(1)图

(2) 卡诺图化简过程如图 3 - 32 所示。图 3 - 32(a)圈"1"化简结果为

$$F = C + A\overline{D} + \overline{A}D \qquad \text{与或式}$$

$$F = \overline{\overline{C} \cdot \overline{A\overline{D}} \cdot \overline{\overline{A}D}} \qquad \text{与非式}$$

图 3 - 32(b)圈"0"，化简结果为

$$\overline{F} = \overline{A}\,\overline{C}\overline{D} + A\overline{C}D \qquad \text{反函数}$$

$$F = \overline{\overline{A}\,\overline{C}\overline{D} + A\overline{C}D} \qquad \text{与或非式}$$

$$F = (A + C + D)(\overline{A} + C + \overline{D}) \qquad \text{或与式}$$

$$F = \overline{\overline{A + C + D} + \overline{\overline{A} + C + \overline{D}}} \qquad \text{或非式}$$

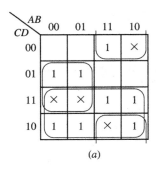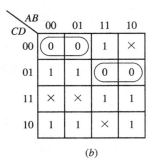

图 3 - 32　题 9(2)图

(3) 卡诺图化简过程如图 3 - 33 所示。

图 3 - 33(a)圈"1"，化简结果为

$$F = A\overline{C} + \overline{B}\,\overline{D} \qquad \text{或与式}$$

$$F = \overline{\overline{A\overline{C}} \cdot \overline{\overline{B}\,\overline{D}}} \qquad \text{与非式}$$

图 3 - 33(b)圈"0"化简结果为

$$\overline{F} = \overline{A}\,\overline{C} + CD + BC \qquad \text{反函数}$$

$$F = \overline{\overline{A}\,\overline{C} + CD + BC} \qquad \text{与或非式}$$

$$F = \overline{(A + C)(\overline{C} + \overline{D})(\overline{B} + \overline{C})} \qquad \text{或与式}$$

$$F = \overline{\overline{A+C} + \overline{\overline{C} + \overline{D}} + \overline{\overline{B} + \overline{C}}}$$ 或非式

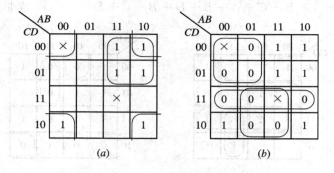

图 3 - 33　题 9(3)图

（4）卡诺图化简过程如图 3 - 34 所示。化简结果为

$$F = C$$
$$F = \overline{\overline{C}}$$
$$\overline{F} = \overline{C}$$

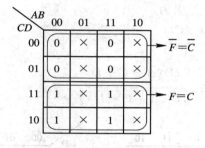

图 3 - 34　题 9(4)图之一

10. 在输入只有原变量的条件下，用最少的与非门实现下列函数：

（1）$F = A\overline{B} + B\overline{C} + \overline{A}C$

（2）$F = \sum(1, 3, 4, 5, 6, 7, 9, 12, 13)$

（3）$F = \sum(1, 2, 4, 5, 10, 12)$

（4）$F = \sum(1, 5, 6, 7, 9, 11, 12, 13, 14)$

解　当输入只有原变量时，为了少用非门，尽可能用综合反变量。化简时，可用代数法，也可用卡诺图法，即阻塞法。一般来说后者较为方便。阻塞法即每次圈卡诺圈时，均圈进全"1"方格，以保证不出现反变量，这样可少用非门，然后再将多圈进的项扣除，即阻塞掉。

（1）卡诺图化简过程如图 3 - 35(a)所示。为保证 m_1、m_3、m_5 不出现反变量，我们将 m_7 圈进，使 $m_1 + m_3 + m_5 + m_7 = C$，然后再将 m_7 扣除，即 $C\overline{m_7} = C\overline{ABC}$，扣除后，就只剩 m_1，m_3，m_5 项。称 $\overline{ABC}$ 为阻塞项。

其它依此类推，得化简后的函数为

$$F = A\,\overline{ABC} + B\,\overline{ABC} + C\,\overline{ABC}$$
$$= \overline{\overline{A\,\overline{ABC}} \cdot \overline{B\,\overline{ABC}} \cdot \overline{C\,\overline{ABC}}}$$

其逻辑图如图 3-35(b)所示。

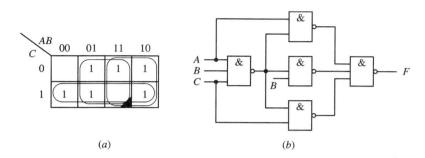

图 3-35 题 10(1)图

（2）卡诺图化简过程如图 3-36(a)所示。第一个圈为 $m_1 + m_3 + m_5 + m_7 + m_9 + m_{11} + m_{13} + m_{15}$，显然多圈进了 $m_{11} + m_{15}$，应将其扣除。为使阻塞项简单，阻塞项圈应尽可能的大，将 $m_{10} + m_{11} + m_{14} + m_{15}$ 扣除，故第一个圈应用阻塞法的结果为 $D\,\overline{AC}$。

同样，第二个圈为 $m_4 + m_5 + m_6 + m_7 + m_{12} + m_{13} + m_{14} + m_{15}$，多圈进了 $m_{14} + m_{15}$，也应将其扣除，此处也可用 $m_{10} + m_{11} + m_{14} + m_{15}$ 作为阻塞项，故第二圈应用阻塞法的结果为 $B\,\overline{AC}$。因此

$$F = B\,\overline{AC} + D\,\overline{AC}$$
$$= \overline{\overline{B\,\overline{AC}} \cdot \overline{D\,\overline{AC}}}$$

其逻辑图如图 3-36(b)所示。

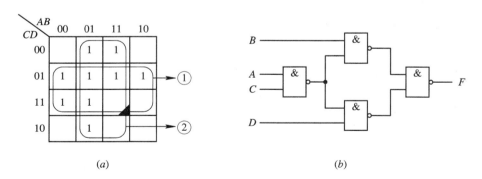

图 3-36 题 10(2)图

（3）卡诺图化简过程如图 3-37(a)所示。

第一圈　$B\,\overline{BC}\,\overline{AD}$

第二圈　$C\,\overline{CD}\,\overline{BC}$

第三圈　$D\,\overline{CD}\,\overline{AD}$

化简结果为

$$F = \overline{\overline{D\,\overline{CD}\,\overline{AD}} \cdot \overline{C\,\overline{CD}\,\overline{BC}} \cdot \overline{B\,\overline{BC}\,\overline{AD}}}$$

其逻辑图如图 3-37(b)所示。

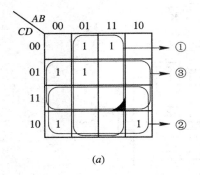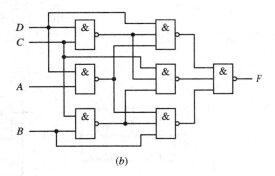

图 3-37　题 10(3)图

（4）卡诺图化简过程如图 3-38(a)所示。

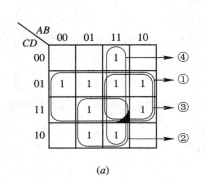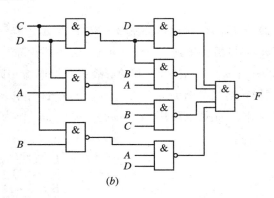

图 3-38　题 10(4)图

第一圈　$D\,\overline{CD}$

第二圈　$BC\,\overline{AD}$

第三圈　$AD\,\overline{BC}$

第四圈　$AB\,\overline{CD}$

化简结果为

$$F = \overline{\overline{D\,\overline{CD}} \cdot \overline{BC\,\overline{AD}} \cdot \overline{AD\,\overline{BC}} \cdot \overline{AB\,\overline{CD}}}$$

其逻辑图如图 3-38(b)所示。

或者

第一圈　$D\,\overline{CD}$

第二圈　$BC\,\overline{ABCD}$

第三圈　$AD\,\overline{ABCD}$

第四圈　$AB\,\overline{ABCD}$

化简结果为

$$F = \overline{\overline{D\,\overline{CD}} \cdot \overline{BC\,\overline{ABCD}} \cdot \overline{AD\,\overline{ABCD}} \cdot \overline{AB\,\overline{ABCD}}}$$

其逻辑图如图 3-39所示。

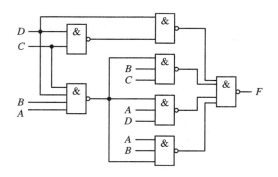

图 3 - 39　题 10(4)的另一种化简结果

11. 输入只有原变量的条件下，用最少的或非门实现下列函数：

(1) $F = \sum(1, 6, 7)$

(2) $F = \sum(0, 1, 2, 3, 4, 6, 7, 8, 9, 11, 15)$

(3) $F = \sum(0, 4, 5, 6, 7, 11, 12, 13, 15)$

(4) $F = \sum(0, 2, 6, 7)$

解　(1) 卡诺图化简过程如图 3 - 40(a)所示。

第一圈　　$B + \overline{A + B}$

第二圈　　$A + \overline{A + B}$

第三圈　　$A + C$

化简结果为

$$F = \overline{\overline{B + \overline{A + B}} + \overline{A + \overline{A + B}} + \overline{A + C}}$$

其逻辑图如图 3 - 40(b)所示。

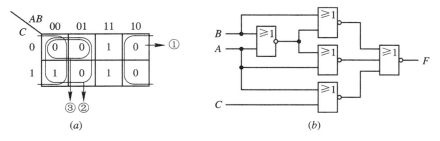

(a)　　　　　　　　　　　　　　　　　　(b)

图 3 - 40　题 11(1)图

(2) 卡诺图化简过程如图 3 - 41(a)所示。

第一圈　　$C + \overline{B + C} + \overline{A + D}$

第二圈　　$D + \overline{B + C} + \overline{A + D}$

化简结果为

$$F = \overline{\overline{C + \overline{B + C} + \overline{A + D}} + \overline{D + \overline{B + C} + \overline{A + D}}}$$

其逻辑图如图 3 - 41(b)所示。

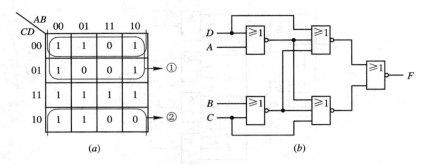

(a)   (b)

图 3 - 41   题 11(2)图

（3）卡诺图化简过程如图 3 - 42(a)所示。

第一圈　　$B+C+\overline{A+D}$

第二圈　　$A+B+\overline{C+D}$

第三圈　　$D+\overline{C+D}+\overline{A+D}$

化简结果为

$$F = \overline{\overline{B+C+\overline{A+D}}+\overline{A+B+\overline{C+D}}+\overline{D+\overline{C+D}+\overline{A+D}}}$$

其逻辑图如图 3 - 42(b)所示。

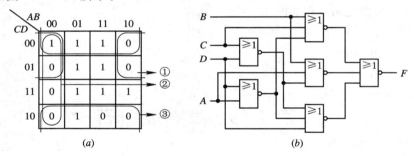

(a)   (b)

图 3 - 42   题 11(3)图

（4）卡诺图化简过程如图 3 - 43(a)所示。

第一圈　　$A+\overline{A+C}$

第二圈　　$B+\overline{A+C}$

化简结果为

$$F = \overline{\overline{B+\overline{A+C}}+\overline{A+\overline{A+C}}}$$

其逻辑图如图 3 - 43(b)所示。

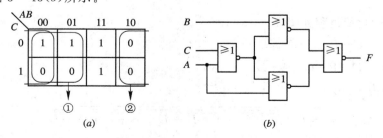

(a)   (b)

图 3 - 43   题 11(4)图

12. 化简下列函数，并用与非门组成电路。

(1) $\begin{cases} F_1 = A\overline{C} + \overline{B}C + \overline{A}BC \\ F_2 = AC + \overline{A}\,\overline{B}C \\ F_3 = A + BC \end{cases}$

(2) $\begin{cases} F_1 = \sum(1,2,3,4,5,7) \\ F_2 = \sum(0,1,3,5,6,7) \end{cases}$

(3) $\begin{cases} F_1 = \sum(1,2,3,5,7,8,9,12,14) \\ F_2 = \sum(1,3,8,12,14) \\ F_3 = \sum(5,7,9,14) \end{cases}$

解 这一组题均为多元函数，多元函数的化简不追求单一函数的最简，而是要求整个系统最简。因此，化简时应尽可能地利用公用项。

(1) 该题对每个函数而言，均为最简，不用再化简，需 9 个门才能完成。如从整体考虑，按图 3 - 44(a)所示化简。

其公用项关系由虚线表示，只需 7 个门即可完成，但对每一函数可能不为最简式。化简结果为

$$\begin{cases} F_1 = \overline{\overline{A\overline{C}} \cdot \overline{\overline{A}\,\overline{B}C} \cdot \overline{\overline{A}BC}} \\ F_2 = \overline{\overline{AC} \cdot \overline{\overline{A}\,\overline{B}C}} \\ F_3 = \overline{\overline{A\overline{C}}\ \overline{AC}\ \overline{\overline{A}BC}} \end{cases}$$

其逻辑图如图 3 - 44(b)所示。

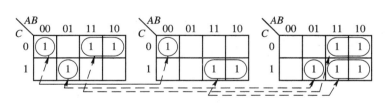

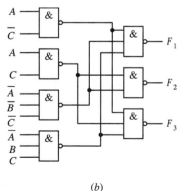

(a)   (b)

图 3 - 44 题 12(1)图

(2) 卡诺图化简过程如图 3 - 45(a)所示。化简结果为

$$F_1 = C + \overline{A}B + A\overline{B} = C + \overline{\overline{\overline{A}B + A\overline{B}}}$$

$$= C + \overline{\overline{A}\,\overline{B} + \overline{A}\,\overline{B}} = C + \overline{\overline{A}\,\overline{B} \cdot \overline{A}\,\overline{B}}$$

$$= \overline{\overline{C} \cdot \overline{\overline{A}B} \cdot \overline{A\overline{B}}}$$

$$F_2 = C + \overline{A}\,\overline{B} + AB = \overline{\overline{C} \cdot \overline{\overline{A}\,\overline{B}} \cdot \overline{AB}}$$

其逻辑图如图 3-45(b)所示。

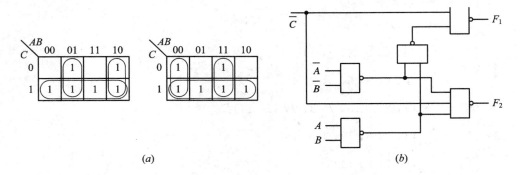

(a)　　　　　　　　　　　　　(b)

图 3-45　题 12(2)图

（3）卡诺图化简过程如图 3-46(a)所示。

化简结果为

$$F_1 = \overline{\overline{A\overline{B}D} \cdot \overline{\overline{A}\,\overline{B}C} \cdot \overline{\overline{A}BD} \cdot \overline{A\overline{C}D} \cdot \overline{\overline{A}\,\overline{B}\,\overline{C}\,\overline{D}} \cdot \overline{ABC\overline{D}}}$$

$$F_2 = \overline{\overline{A\,\overline{B}\,D} \cdot \overline{A\overline{C}D} \cdot \overline{ABC\overline{D}}}$$

$$F_3 = \overline{\overline{A}BD \cdot \overline{\overline{A}\,\overline{B}\,\overline{C}\,D} \cdot \overline{A\overline{C}\,\overline{D}}}$$

其逻辑图如图 3-46(b)所示。

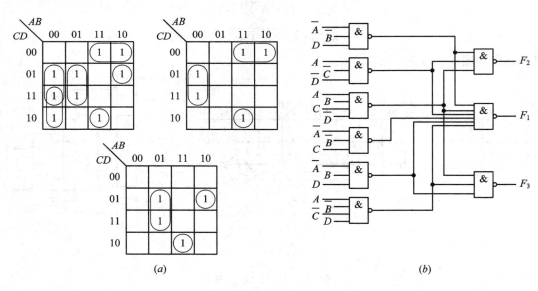

(a)　　　　　　　　　　　　　(b)

图 3-46　题 12(3)图

第 4 章

组合逻辑电路

数字电路按功能可分为组合逻辑电路和时序逻辑电路。本章讨论组合逻辑电路。组合逻辑电路的输出信号只是该时刻输入信号的函数，与过去状态无关。这种电路无记忆功能，无反馈支路。

"数字电子技术"课程中主要研究逻辑电路分析和逻辑电路设计两类问题，因此，本章也讲述了组合逻辑电路的分析和设计。

中、大规模集成电路的出现，改变了数字系统传统的设计方法。目前，人们主要考虑的是如何开发已有中、大规模集成电路，用它们组成新的数字系统。因此本章的重点放在常用中规模组合逻辑部件的应用上，其中又着重介绍了在数字系统中应用较为广泛的译码器和数据选择器的应用。

通过本章的学习，要求学生：

（1）熟悉小规模集成电路组成组合逻辑电路的分析和设计方法。

（2）掌握中规模集成电路组成组合逻辑电路的分析和设计方法，特别是译码电路和数据选择器的应用及功能扩展。这是本章的重点。

（3）掌握列写真值表的方法。无论利用什么器件组成组合逻辑电路，都必须得到真值表，因此真值表是组合逻辑电路分析和设计的关键一步。

（4）了解组合逻辑电路的竞争和冒险现象。

4.1 本 章 小 结

4.1.1 组合逻辑电路的分析和设计

1. 组合逻辑电路的分析

分析电路，就是根据给定的电路得出该电路的功能。这是在实际中经常遇见的问题。如要维修、改造设备，必须分析该设备电路的功能；又如要设计新产品，必须分析原有产品的性能，广泛收集国内外相似产品的资料并分析其性能，这样才能设计出性能超群的新产品。

电路分析的过程大致如下：

根据给定电路写出逻辑函数→列出真值表→分析得出电路功能。

2. 组合逻辑电路的设计

电路设计，就是根据实际要求设计出电路，完成实际要求所提出的任务。

电路设计的过程大致如下：

根据实际要求列出真值表→根据所选择的器件进行化简→组成逻辑电路→检验功能，如不符合要求，重新设计。

4.1.2 常用中规模组合逻辑部件的原理和应用

这部分内容是本章的重点内容。目前，设计一个组合电路要优先选用中规模组合逻辑部件。因为用若干小规模集成门电路组成组合逻辑电路时，用的器件多、连线多、焊点多，因此成本高，容易出故障，可靠性差。而用一片中规模集成电路即可完成一定的逻辑功能，外电路连线少、焊点少、成本低、可靠性高。采用中规模集成电路进行组合电路的设计，其关键是掌握中规模器件的性能，对器件的性能掌握得越深入，应用起来就越灵活，应用面就越广泛。

1. 半加器与全加器

半加器与全加器均属于运算电路，即用逻辑电路完成算术运算。而在数字系统中，加、减、乘、除及更复杂的算术运算，均利用加法完成，因此加法器是数字系统中最基本的运算单元。

全加器的应用十分广泛，除可进行二进制的加法外，还可实现二进制减法运算，BCD码加、减运算，相关码制变换，数码比较，奇偶校验等。可以这样讲，凡是加、减某一个数的功能均可用全加器实现。由于一位全加器的"和"输出端 $S_i = A_i \oplus B_i \oplus C_{i-1}$，即实现了三变量的异或功能，故全加器可实现异或电路的功能。

一位全加器可实现一位二进制的加法，如要进行多位二进制的加法，则应将多位全加器进行级联，级联的方式有以下两种：

（1）串行进位。此种级联方式的特征是：低位的进位输出端 CO 与邻近高位的进位输入端 CI 相连。因此，高位的运算必须等到低位运算完成之后才能正确运算，故运算速度慢，但电路较简单，主要用在中低速数字设备中。

（2）超前进位。此种方式下各级进位同时产生，高位的运算不必等低位运算的结果，故提高了运算速度。

为使各位的进位同时产生，要推出各位进位位与输入变量的关系。此种进位连接，必须有专门的超前进位产生电路，故电路系统较复杂。

2. 编码器与译码器

（1）编码器：将含有特定意义的数字或符号信息用二进制代码表示的过程称为编码，实现编码功能的电路称为编码器。当一位以上输入同时有效时采用优先编码器设置优先权级别。优先编码器只对优先权级别高的输入进行编码，从而保证了编码器工作的可靠性。

（2）译码器：将二进制代码所表示的信息原意翻译出来的过程称为译码，实现译码功能的电路称为译码器。常用的译码器有二进制译码器（又称为变量译码器）、BCD 译码和显示译码驱动电路。译码器是在数字系统中应用最广泛的器件之一，因此它是本节重点内容之一。利用译码器可构成数据分配器、逻辑函数产生电路，或作为其它集成电路的片选信号，与其它器件组成序列信号产生电路等。

译码器的功能（以 74LS138 为例）主要应明确如下几点：

① 如将译码器的每一个地址作为逻辑变量，则译码器的每一个输出均表示一个最小

项的反函数，即 $\overline{m_i}$。

② 最小项 m_i 的下标，即最小项的编号是按地址 $A_2 A_1 A_0$ 的顺序编制的。

③ 使能端 E_1、E_2、E_3 可扩展译码器的功能，只有当 $E_1=1$，$E_2=E_3=0$ 时，该译码器才被选中，完成译码器的功能。其余情况下译码器均不工作，所有的输出 $\overline{m_i}$ 均为 1。

④ 译码器的输出采用低电平有效。当输入地址为某种组合时，其对应输出为 0。如 $A_2 A_1 A_0=101$，则输出 5 端 $\overline{Y_5}=\overline{m_5}=0$，其余输出均为 1。

⑤ 因为译码器输出提供了逻辑函数的最小项 $\overline{m_i}$，而逻辑函数又能用最小项表示，所以译码器可以实现逻辑函数。

3. 多路分配器与数据选择器

（1）多路分配器。将一路输入信号分配至多路输出即为多路分配器，如图 4-1(a)所示。多路分配器的功能一般由译码器完成。仍以 74LS138 为例，将一路输入信号分配至八路输出，输入信号送至使能端。如输出是输入信号的原码，则输入信号接至使能端 E_2 或 E_3 端；如输出是输入的反码，则输入信号接至使能端 E_1 端。两种连接电路如图 4-2 所示。

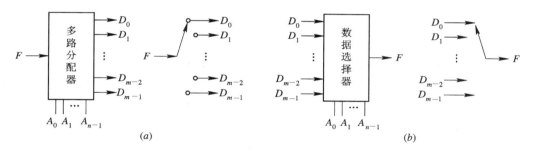

图 4-1 多路分配器和数据选择器的功能图

（a）多路分配器；（b）数据选择器

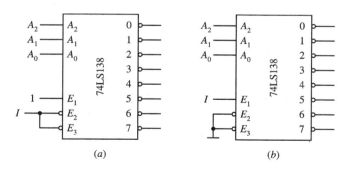

图 4-2 译码器作为分配器的两种连接

（a）原码输出；（b）反码输出

（2）数据选择器。从多路输入信号中选择一路输出即为数据选择器，如图 4-1(b)所示。数据选择器的功能可由如下逻辑函数表示（以四选一为例）：

$$F = \overline{A_2}\,\overline{A_1} D_0 + \overline{A_2} A_1 D_1 + A_2 \overline{A_1} D_2 + A_2 A_1 D_3$$

若逻辑变量分别由数据选择器的地址 $A_2 A_1$ 和数据输入端 D_i 表示，则数据选择器可实现逻辑函数。

例如，用四选一数据选择器实现逻辑函数

$$F = \overline{A}B + A\overline{B}$$

由于地址数与逻辑变量数相等，因此令 $AB = A_2A_1$，则相应数据端 D_i 不是"1"就是"0"，函数中含有的逻辑项对应的 $D_i = 1$，没有的项对应的 $D_i = 0$。具体过程如下：

若 AB 为地址，则四选一方程为

$$F = \overline{A}\,\overline{B}D_0 + \overline{A}BD_1 + A\overline{B}D_2 + ABD_3$$

与逻辑函数对比，则函数中含有的项 $\overline{A}B$、$A\overline{B}$ 所对应的数据输入端为 1，即 $D_1 = D_2 = 1$；函数中没有的项 $\overline{A}\,\overline{B}$、$AB$ 所对应的数据输入端为 0，即 $D_0 = D_3 = 0$。

再如用四选一数据选择器实现逻辑函数

$$F = \overline{A}\,\overline{B}\,\overline{C} + \overline{A}BC + \overline{A}B\overline{C} + AB\overline{C} + ABC$$

由于逻辑函数是三变量，而四选一数据选择器地址只有两个，因此，地址只能反映两个逻辑变量，余下的变量应通过数据输入端 D_i 反映。具体过程如下：

选 AB 为地址，则逻辑函数按所选地址重写为

$$F = \overline{A}\,\overline{B}(\overline{C} + C) + \overline{A}B(\overline{C}) + A\overline{B}(0) + AB(\overline{C} + C)$$

与四选一数据选择器方程 $F = \overline{A}\,\overline{B}D_0 + \overline{A}BD_1 + A\overline{B}D_2 + ABD_3$ 对比，得 $D_0 = 1$，$D_1 = \overline{C}$，$D_2 = 0$，$D_3 = 1$。当然也可选其它逻辑变量组合 AC、BC 为地址，分别确定对应的数据输入端 D_i 的函数。上述确定 D_i 的过程也可通过卡诺图实现（可参阅典型题举例）。

数据选择器还可与其它器件组合构成二进制序列码发生器、分时多路传输数据系统和数码比较电路等。

4. 数字比较器

实现对两个 n 位二进制数进行比较并判断其大小关系的逻辑电路称为数字比较器。n 位二进制数的比较过程一般是由高位到低位逐位比较。高位即能决定两个数的大小，只有所有高位都相等时，才比较低位；当各位都相等时，这两个数才相等。为了便于功能扩展，集成数字比较器均设置了三个级联输入端：$A = B$，$A > B$ 和 $A < B$。

4.1.3 组合逻辑电路中的竞争与冒险

实际的组合逻辑电路中，由于器件（如门电路）存在延时，当信号经过不同路径到达同一器件的输入时将会产生时差，具有时差的变量称为具有竞争的变量。竞争有可能使电路的输出偏离真值表所决定的状态（因为真值表的确定没有考虑时差），即这种竞争使电路输出产生错误，这称为组合逻辑电路的冒险现象。

竞争与冒险对后续电路中的控制电路将产生不利影响，甚至使系统产生误动作，这是绝对不允许的。读者应了解产生竞争与冒险的原因及克服的措施，以便在今后的工作中遇见类似问题时可以自己分析和解决。

4.2 典型题举例

例 1 电路如图 4-3 所示，试分析该电路。

（1）写出该电路的逻辑函数方程；

（2）列出该电路的真值表。

解 （1） $$F=P+Q$$

其中

$$P=AB, \quad Q=\overline{\overline{A}\,\overline{B}}=A+B$$

则

$$F=AB+A+B=A+B$$

实际上这是一个逻辑或。

（2）真值表如表 4-1 所示。

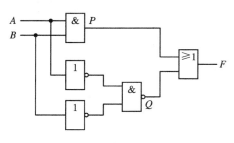

图 4-3 例 1 图

表 4-1 例 1 真值表

A	B	F
0	0	0
0	1	1
1	0	1
1	1	1

例 2 电路如图 4-4 所示，试分析该电路的逻辑功能。

解 由电路可写出逻辑函数：

$$P=\overline{AB}, \quad Q=\overline{A\,\overline{AB}}, \quad R=\overline{B\,\overline{AB}}$$

$$S=\overline{QR}=\overline{\overline{A\,\overline{AB}}\cdot\overline{B\,\overline{AB}}}$$

$$T=\overline{CS}=\overline{\overline{A\,\overline{AB}}\cdot\overline{B\,\overline{AB}}C}$$

$$F=\overline{Q\cdot T}=\overline{\overline{A\,\overline{AB}}\cdot\overline{\overline{A\,\overline{AB}}\cdot\overline{B\,\overline{AB}}C}\cdot A\,\overline{AB}}$$

一个函数有如此多的非号，不易看出其功能，为此应将函数式转化为与或式。因为与或式与真值表有直接对应关系，而真值表是描述组合电路逻辑功能最完整的手段。

利用摩根定律对函数进行转换，得

$$F=\overline{\overline{A\,\overline{AB}}\cdot\overline{B\,\overline{AB}}C}+A\,\overline{AB}$$

$$=(A\,\overline{AB}+B\,\overline{AB})C+A(\overline{A}+\overline{B})$$

$$=A\overline{B}C+\overline{A}BC+A\overline{B}=A\overline{B}+\overline{A}BC$$

由此方程列出真值表，如表 4-2 所示。

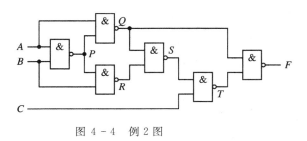

图 4-4 例 2 图

表 4-2 例 2 真值表

A	B	C	F
0	0	0	0
0	0	1	0
0	1	0	0
0	1	1	1
1	0	0	1
1	0	1	1
1	1	0	0
1	1	1	0

例 3　电路如图 4-5 所示，试分析该电路的逻辑功能。

解　由电路直接写出方程

$$F = \overline{\overline{W\overline{X}P} \cdot \overline{WX\overline{P}} \cdot \overline{WXP}}$$
$$= W\overline{X}P + WX\overline{P} + WXP$$

由方程得真值表如表 4-3 所示。

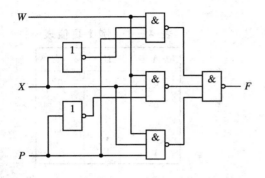

图 4-5　例 3 图

表 4-3　例 3 真值表

W	X	P	F
0	0	0	0
0	0	1	0
0	1	0	0
0	1	1	0
1	0	0	0
1	0	1	1
1	1	0	1
1	1	1	1

以上各例均是对由门电路组成的组合逻辑电路的分析。解这类题时，关键是要搞清楚常用门的符号和功能，按功能写出函数方程。由输入往输出方向写出函数表达式和由输出向输入方向写出函数表达式，其结果是一样的。

例 4　已知某组合逻辑电路的输入 A、B 和输出 F 的波形如图 4-6(a) 所示。写出 F 对 A、B 的逻辑表达式，用与非门实现该组合逻辑电路，画出最简的逻辑图。

解　由波形可得真值表如表 4-4 所示。由真值表可得

$$F = A\overline{B} + \overline{A}B$$
$$= \overline{\overline{A\overline{B}} \cdot \overline{\overline{A}B}}$$

其逻辑图如图 4-6(b) 所示。

表 4-4　例 4 真值表

A	B	F
0	0	0
0	1	1
1	0	1
1	1	0

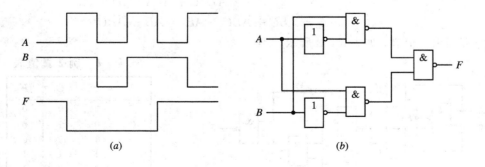

(a)　　　　　　　　　　(b)

图 4-6　例 4 图

例 5 某组合逻辑电路的输入 A、B、C 和输出 F 的波形如图 4-7(a)所示。试列出该电路的真值表，写出逻辑函数表达式，并用最少的与非门实现。

解 由波形图得其真值表如表 4-5 所示。其逻辑函数表达式为

$$F = m_1 + m_5 + m_6 + m_7$$
$$= \overline{A}\,\overline{B}C + A\overline{B}C + AB\overline{C} + ABC$$

画出卡诺图进行化简，如图 4-7(b)所示，两次取反后再展开一次，得最简与非式

$$F = \overline{\overline{BC} \cdot \overline{AB}}$$

由此画出最简逻辑图，如图 4-7(c)所示。

表 4-5 例 5 真值表

A	B	C	F
0	0	0	0
0	0	1	1
0	1	0	0
0	1	1	0
1	0	0	0
1	0	1	1
1	1	0	1
1	1	1	1

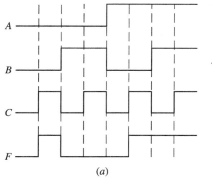 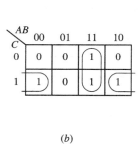 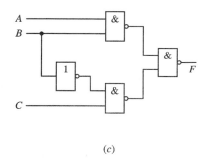

(a)　　　　　　　(b)　　　　　　　(c)

图 4-7 例 5 图

例 6 现有一个四位二进制数 $X = D_3 D_2 D_1 D_0$，要求列出满足如下关系的真值表：

(1) 当 $4 \leqslant X < 7$ 时，$F_1 = 1$；

(2) 当 $X \leqslant 4$ 时，$F_2 = 1$；

(3) 当 $X \geqslant 8$ 时，$F_3 = 1$。

解 满足上述关系的真值表如表 4-6 所示。

例 7 设 B、F 均为三位二进制数，$B = B_2 B_1 B_0$ 为输入，$F = F_2 F_1 F_0$ 为输出，要求二者之间有下述关系：

当 $2 \leqslant B \leqslant 5$ 时，$F = B + 2$；

当 $B < 2$ 时，$F = 1$；

当 $B > 5$ 时，$F = 0$。

试列出真值表。

解 按题意列出真值表如表 4-7 和表 4-8 所示。

上述两种表均可，但表 4-7 表达得更明确，便于利用它组成电路。

表 4-6 例 6 真值表

D_3	D_2	D_1	D_0	F_1	F_2	F_3
0	0	0	0	0	1	0
0	0	0	1	0	1	0
0	0	1	0	0	1	0
0	0	1	1	0	1	0
0	1	0	0	1	1	0
0	1	0	1	1	0	0
0	1	1	0	1	0	0
0	1	1	1	0	0	0
1	0	0	0	0	0	1
1	0	0	1	0	0	1
1	0	1	0	0	0	1
1	0	1	1	0	0	1
1	1	0	0	0	0	1
1	1	0	1	0	0	1
1	1	1	0	0	0	1
1	1	1	1	0	0	1

表 4-7	例7真值表一				
B_2	B_1	B_0	F_2	F_1	F_0
0	0	0	0	0	1
0	0	1	0	0	1
0	1	0	1	0	0
0	1	1	1	0	1
1	0	0	1	1	0
1	0	1	1	1	1
1	1	0	0	0	0
1	1	1	0	0	0

表 4-8	例7真值表二		
B_2	B_1	B_0	F
0	0	0	1
0	0	1	1
0	1	0	$B+2$
0	1	1	$B+2$
1	0	0	$B+2$
1	0	1	$B+2$
1	1	0	0
1	1	1	0

例 8 由双四选一数据选择器组成的电路如图 4-8 所示。

（1）写出 F_1、F_2 的函数表达式；

（2）列出 F_1、F_2 的真值表。

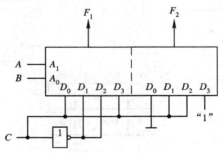

图 4-8 例 8 图

解 解由中规模集成电路组成的逻辑电路的习题时，关键是要搞清楚中规模集成电路的功能，否则就无从下手。对该题就应明确四选一数据选择器的功能。

四选一就是从四路输入信号中选一路信号输出。至于选哪一路信号输出，则由地址端 A_1、A_0 决定。其功能表如表 4-9 所示。如用逻辑函数表示，其函数方程为

$$F = \overline{A}_1 \overline{A}_0 D_0 + \overline{A}_1 A_0 D_1 + A_1 \overline{A}_0 D_2 + A_1 A_0 D_3$$

由四选一数据选择器的功能，不难写出 F_1、F_2 的表达式

$$F_1 = \overline{A}\,\overline{B}C + \overline{A}B\overline{C} + A\overline{B}\overline{C} + ABC$$

$$F_2 = \overline{A}BC + A\overline{B}C + AB$$

其真值表如表 4-10 所示。

表 4-9	例 8 功能表	
A_1	A_0	F
0	0	D_0
0	1	D_1
1	0	D_2
1	1	D_3

表 4-10	例 8 真值表			
A	B	C	F_2	F_1
0	0	0	0	0
0	0	1	0	1
0	1	0	0	1
0	1	1	1	0
1	0	0	0	1
1	0	1	1	0
1	1	0	1	0
1	1	1	1	1

由真值表可看出，该电路完成的是一位二进制全加器功能，F_1 为和位，F_2 为进位位。

例 9 逻辑电路如图 4－9(a)所示，试填写 F 的卡诺图。

解 根据八选一数据选择器的功能，可写出函数表达式

$$F = \overline{D}\,\overline{B}\,\overline{A} + \overline{D}BA\overline{C} + \overline{D}BA + D\,\overline{B}\,\overline{A}\,\overline{C} + DB\,\overline{A}\,\overline{C} + DBAC$$

填写四变量卡诺图，如图 4－9(b)所示。

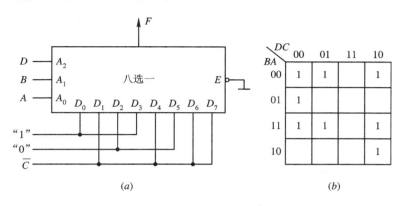

图 4－9 例 9 图

例 10 由四选一数据选择器组成的电路和输入波形如图 4－10 所示。试写出逻辑函数表达式，并根据给出的输入波形画出输出函数 F 的波形。

解 根据四选一数据选择器的功能，可写出函数表达式

$$F = \overline{C}\,\overline{B}\,\overline{A} + \overline{C}B\overline{A} + \overline{C}BA + C\overline{B}A + CBA$$

其波形如图 4－10(b)所示。

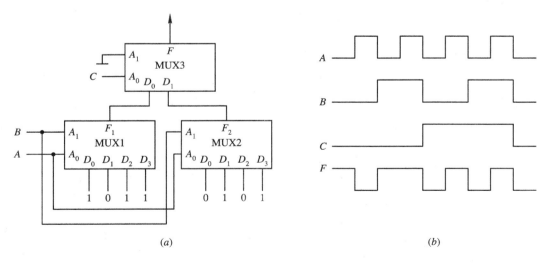

图 4－10 例 10 图

例 11 由四选一数据选择器组成的电路如图 4－11(a)所示。

(1) 写出 F 的函数表达式；

(2) 填写 F 的卡诺图；

(3) 求 F 的最简与或非式。

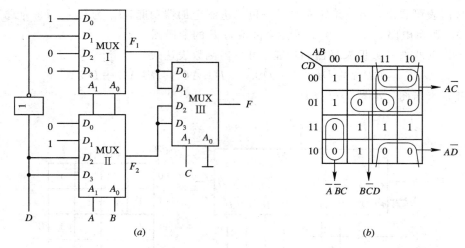

(a)　　　　　　　　　　(b)

图 4 - 11　例 11 图

解　（1）$F_1 = \overline{A}\,\overline{B} + \overline{A}B\overline{D}$

$\qquad\qquad F_2 = \overline{A}B + A\overline{B}D + ABD$

则　　　　　$F = \overline{C}F_1 + CF_2$

$\qquad\qquad = \overline{A}\,\overline{B}\,\overline{C} + \overline{A}B\overline{C}\,\overline{D} + \overline{A}BC + A\overline{B}CD + ABCD$

（2）将函数填入卡诺图，如图 4 - 11(b)所示。

（3）由卡诺图圈"0"得最简与或非式。

$$F = \overline{A\overline{C} + A\overline{D} + B\overline{C}D + \overline{A}\,\overline{B}C}$$

解此题时，注意该题的功能扩展：当 $AB = 00$ 时，同时选中 MUX I 和 MUX II 的 D_0 端，究竟选哪一路输出，取决于 C。$C = 0$ 时选中 MUX I 的 D_0，则 $F = F_1 = 1$；$C = 1$ 时选中 MUX II 的 D_2，则 $F = F_2 = 0$。

例 12　四选一数据选择器应用电路如图 4 - 12(a)所示。

（1）写出 $F(ABCD)$ 的最小项标准式；

（2）填写 F 的卡诺图。

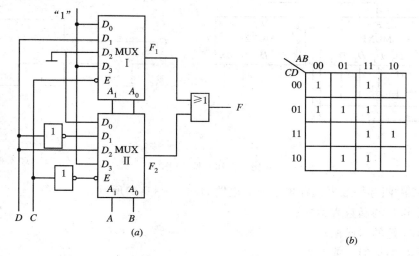

(a)　　　　　　　　　　(b)

图 4 - 12　例 12 图

解 （1） $F_1 = \overline{A}\,\overline{B}C + \overline{A}BCD + AB\overline{C}$

$F_2 = \overline{A}BC\overline{D} + A\overline{B}CD + ABC$

$F = F_1 + F_2 = \overline{A}\,\overline{B}C + \overline{A}BCD + AB\overline{C} + \overline{A}BC\overline{D} + A\overline{B}CD + ABC$

（2）将函数填入卡诺图中，如图 4 - 12(b)所示，得最小项标准式为

$$F(ABCD) = \sum (0, 1, 5, 6, 11, 12, 13, 14, 15)$$

此题的功能扩展是采用的另一种形式，即当 $C=0$ 时选中 MUX Ⅰ；$C=1$ 时选中 MUX Ⅱ。

例 13 由 3 - 8 译码器组成的电路如图 4 - 13(a)所示。试写出函数表达式并填写对应函数的卡诺图。

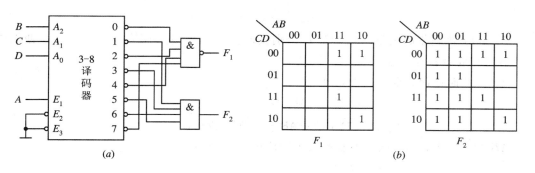

图 4 - 13 例 13 图

解 解有关译码器的习题，关键是知道译码器的输出均对应一个最小项，且一般以低电平表示有信号，即

$$0 = \overline{m_0} = \overline{\overline{A_2}\,\overline{A_1}\,\overline{A_0}}, \quad 1 = \overline{m_1} = \overline{\overline{A_2}\,\overline{A_1}A_0}$$

$$2 = \overline{m_2} = \overline{\overline{A_2}A_1\overline{A_0}}, \quad 3 = \overline{m_3} = \overline{\overline{A_2}A_1A_0}$$

$$4 = \overline{m_4} = \overline{A_2\overline{A_1}\,\overline{A_0}}, \quad 5 = \overline{m_5} = \overline{A_2\overline{A_1}A_0}$$

$$6 = \overline{m_6} = \overline{A_2A_1\overline{A_0}}, \quad 7 = \overline{m_7} = \overline{A_2A_1A_0}$$

此题是四变量问题，第四个变量 A 出现在使能端 E_1 上，因此其函数表达式与 A 有关。

$A=0$ 时，该译码器不工作，输出均为 1，因此 $F_1=0$，$F_2=1$。

$A=1$ 时，该译码器选中工作，则

$$F_1 = \overline{\overline{m_0}\,\overline{m_2}\,\overline{m_4}\,\overline{m_7}} = m_0 + m_2 + m_4 + m_7$$

$$F_2 = \overline{m_1}\,\overline{m_3}\,\overline{m_5}\,\overline{m_6} = \overline{m_1 + m_3 + m_5 + m_6}$$

$$= m_0 + m_2 + m_4 + m_7$$

其综合表达式为

$$F_1 = (m_0 + m_2 + m_4 + m_7)A$$

$$F_2 = (m_0 + m_2 + m_4 + m_7)A + \overline{A}$$

其卡诺图如图 4 - 13(b)所示。

例 14 由 2 - 4 译码器(二变量译码器)组成的电路如图 4 - 14(a)所示。

（1）写出 F_1、F_2 的表达式；

（2）填写 F_1、F_2 的卡诺图。

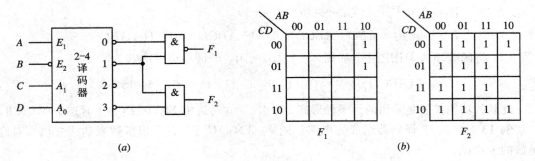

图 4 - 14　例 14 图

解　（1）该题是四变量问题，C、D 分别接地址 A_1、A_0 端，而第三变量 A 接至使能端 E_1，第四变量 B 接至使能端 E_2。

$AB=10$ 时该译码器被选中，则

$$F_1 = A\overline{B}\overline{C}\overline{D} + A\overline{B}\overline{C}D$$

$$F_2 = (\overline{CD} \cdot \overline{\overline{C}D})A\overline{B} = \overline{\overline{CD} + \overline{C}D}\,A\overline{B} = A\overline{B}\overline{D}$$

AB 为其它组合时，该译码器不工作，则 $F_1=0$，$F_2=1$。

（2）其卡诺图如图 4 - 14(b) 所示。

例 15　两片 2 - 4 译码器组成的电路如图 4 - 15 所示。

（1）说明该电路是何种译码器；

（2）写出 F 的表达式；

（3）列出 F 的真值表。

解　（1）这是由二变量译码器扩展而成的三变量译码器。

（2）$A=0$ 时，下面的译码器被选中；$A=1$ 时，上面的译码器被选中，则

$$F = \overline{\overline{\overline{A}\overline{B}C} \cdot \overline{\overline{A}BC} \cdot \overline{A\overline{B}\overline{C}} \cdot \overline{ABC}}$$

$$= \overline{\overline{m_1} \cdot \overline{m_3} \cdot \overline{m_4} \cdot \overline{m_7}}$$

$$= m_1 + m_3 + m_4 + m_7$$

（3）其真值表如表 4 - 11 所示。

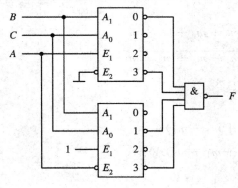

图 4 - 15　例 15 图

表 4 - 11　例 15 真值表

A	B	C	F
0	0	0	0
0	0	1	1
0	1	0	0
0	1	1	1
1	0	0	1
1	0	1	0
1	1	0	0
1	1	1	1

例 16 设计一个多功能电路，其功能如表 4-12 所示。请选用一片八选一数据选择器和少量的与非门实现电路。

解 由功能表可写出函数表达式

$$F = \overline{G}_1\overline{G}_0 A + \overline{G}_1 G_0 (A \oplus B) + G_1 \overline{G}_0 AB + G_1 G_0 (A + B)$$
$$= \overline{G}_1\overline{G}_0 A + \overline{G}_1 G_0 \overline{A}B + \overline{G}_1 G_0 A\overline{B} + G_1\overline{G}_0 AB + G_1 G_0 A$$
$$+ G_1 G_0 B$$

表 4-12 例 16 功能表

G_1	G_0	F
0	0	A
0	1	$A \oplus B$
1	0	AB
1	1	$A+B$

下一步需要确定地址变量和数据输入端 D_i 的连接，这可通过代数法或卡诺图法实现。

代数法：

八选一数据选择器函数表达式为

$$F = \overline{A}_2\overline{A}_1\overline{A}_0 D_0 + \overline{A}_2\overline{A}_1 A_0 D_1 + \overline{A}_2 A_1 \overline{A}_0 D_2 + \overline{A}_2 A_1 A_0 D_3$$
$$+ A_2\overline{A}_1\overline{A}_0 D_4 + A_2\overline{A}_1 A_0 D_5 + A_2 A_1 \overline{A}_0 D_6 + A_2 A_1 A_0 D_7$$

选地址变量 $A_2 = G_1$，$A_1 = G_0$，$A_0 = A$。将上述两式进行比较得

$$D_0 = 0, \quad D_1 = 1, \quad D_2 = B, \quad D_3 = \overline{B}, \quad D_4 = 0, \quad D_5 = B, \quad D_6 = B, \quad D_7 = 1$$

卡诺图法：

首先将函数用卡诺图表示，如图 4-16(a) 所示。选 $G_1 G_0 A$ 为数据选择器的地址变量 $A_2 A_1 A_0$，在图 4-16(a) 上圈出地址变量控制范围，即 D_i 区域。由此得

$$D_0 = 0, D_1 = 1, D_2 = B, D_3 = \overline{B}$$
$$D_4 = 0, D_5 = B, D_6 = B, D_7 = 1$$

其结果与代数法所得结果完全一致。

八选一数据选择器组成的逻辑电路图如图 4-16(b) 所示。

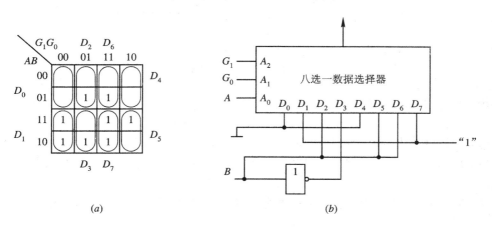

(a)   (b)

图 4-16 例 16 图

注意：这类题的结果不是唯一的，若地址变量选择得不同，其结果也不同。

例 17 已知某逻辑函数方程为

$$F = \overline{B}\overline{C} + \overline{A}BC + ABC$$

试用一片四选一数据选择器实现电路（不能附加其它门电路）。

解 该题有一附加条件，即不能附加其它门电路。该条件限定了地址变量的选择。

将原式展开为标准式

$$F = \overline{A}\,\overline{B}\,\overline{C} + A\overline{B}\,\overline{C} + \overline{A}BC + ABC$$

用代数法做此题，如选用 AB 为地址变量，则

$$F = \overline{A}\,\overline{B}(\overline{C}) + \overline{A}B(C) + A\overline{B}(\overline{C}) + AB(C)$$

与四选一数据选择器方程比较得

$$D_0 = D_2 = \overline{C}, \ D_1 = D_3 = C$$

这说明需要用一个反相器获得 $\overline{C}$，与题意要求不符。同样选择 AC 为地址变量时，需用一个反相器获得 $\overline{B}$。选 BC 地址变量，则

$$F = (\overline{A} + A)\,\overline{B}\,\overline{C} + (\overline{A} + A)BC$$

与四选一数据选择器方程比较得

$$D_0 = D_3 = 1, \ D_1 = D_2 = 0$$

不需用门，故只能选 BC 为地址变量。

如用卡诺图做此题，就十分直观。其卡诺图如图 $4-17(a)$ 所示。选 BC 时其"1"较集中，在卡诺图上直接可得

$$D_0 = D_3 = 1, \ D_1 = D_2 = 0$$

其实现的逻辑电路图如图 $4-17(b)$ 所示。

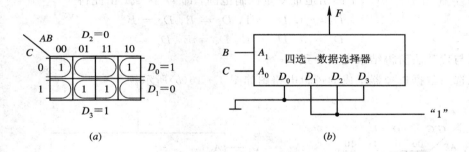

图 $4-17$　例 17 图

例 18 已知逻辑函数

$$F_1 = \overline{A}\,\overline{B}\,\overline{C} + AB, \ F_2 = A\overline{B} + \overline{C}$$

(1) 写出函数 F_1 和 F_2 的最小项表达式；

(2) 用一片 $3-8$ 译码器 74LS138 加一片与非门实现 F_1，加一片与门实现 F_2，画出逻辑图。

解 (1) 利用卡诺图，可十分方便地获得 F_1、F_2 的最小项表达式，如图 $4-18(a)$ 所示。

$$F_1 = m_0 + m_6 + m_7$$

$$F_2 = m_0 + m_2 + m_4 + m_5 + m_6$$

(2)　　　　$F_1 = \overline{\overline{m_0 + m_6 + m_7}} = \overline{\overline{m_0}\,\overline{m_6}\,\overline{m_7}}$

$$F_2 = m_0 + m_2 + m_4 + m_5 + m_6 = \overline{m_1 + m_3 + m_7}$$

$$= \overline{\overline{m_1} \cdot \overline{m_3} \cdot \overline{m_7}}$$

逻辑图如图 4 - 18(b)所示。

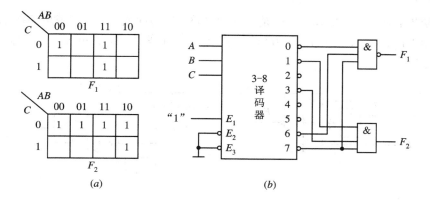

(a)   (b)

图 4 - 18 例 18 图

4.3 练习题题解

1. 分析图 4 - 19(a)、(b)两组合逻辑电路，比较两电路的逻辑功能。

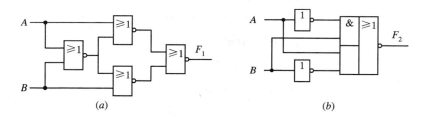

(a)   (b)

图 4 - 19 题 1 图

解

$$F_1 = \overline{\overline{\overline{A + \overline{A + B}} + \overline{B + \overline{A + B}}}}$$

$$= (A + \overline{A + B}) \cdot (B + \overline{A + B})$$

$$= (A + \overline{A}\overline{B})(B + \overline{A}\overline{B})$$

$$= (A + \overline{B})(B + \overline{A})$$

$$= AB + \overline{A}\overline{B}$$

$$F_2 = \overline{\overline{AB} + \overline{B}A} = AB + \overline{A}\overline{B}$$

由此可看出图 4 - 19(a)、(b)是相同的电路，均为同或电路。

2. 指出图 4 - 20(a)、(b)两组合逻辑电路输出为低电平时的输入状态。

解 $F_1 = \overline{A\,\overline{AB} + B\,\overline{AB}} = \overline{A\,\overline{AB}} \cdot \overline{B\,\overline{AB}}$

$$= (\overline{A} + AB)(\overline{B} + AB) = (\overline{A} + B)(\overline{B} + A)$$

$$= \overline{A}\overline{B} + AB$$

$$F_2 = \overline{\overline{AB} \cdot \overline{\overline{A}\,\overline{B}}} = AB + \overline{A}\,\overline{B}$$

分析结果表明图 4-20(a)、(b)是相同的电路，均为同或电路。同或电路的功能：输入相同输出为"1"；输入相异输出为"0"。因此，输出为"0"（低电平）时，输入状态为 $AB=01$ 或 10。

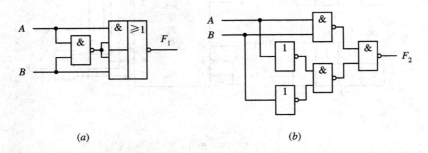

(a)   (b)

图 4-20 题 2 图

3. 分析图 4-21 所示组合逻辑电路。

解

$$F_1 = \overline{\overline{AB} \cdot \overline{(A \oplus B) \cdot C}}$$
$$= AB + (A \oplus B)C$$
$$= AB + (\overline{A}B + A\overline{B})C$$
$$= AB + \overline{A}BC + A\overline{B}C$$
$$F_2 = A \oplus B \oplus C$$
$$= (\overline{A}B + A\overline{B}) \oplus C$$
$$= (\overline{A}B + A\overline{B})\overline{C} + (AB + \overline{A}\,\overline{B})C$$
$$= \overline{A}B\overline{C} + A\overline{B}\,\overline{C} + ABC + \overline{A}\,\overline{B}C$$

它们的真值表如表 4-13 所示。

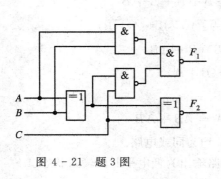

图 4-21 题 3 图

表 4-13 题 3 真值表

A	B	C	F_1	F_2
0	0	0	0	0
0	0	1	0	1
0	1	0	0	1
0	1	1	1	0
1	0	0	0	1
1	0	1	1	0
1	1	0	1	0
1	1	1	1	1

由真值表可看出，该电路是一位二进制数的全加电路，A 为被加数，B 为加数，C 为低位向本位的进位，F_1 为本位向高位的进位，F_2 为本位的和位。

4. 分析图 4 - 22 所示组合电路，当 $S_3 S_2 S_1 S_0$ 作为控制信号时，列表说明 F 与 A、B 的函数关系。

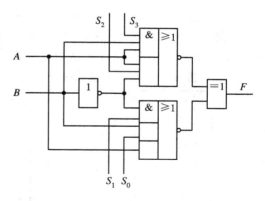

图 4 - 22　题 4 图

解　函数关系如下：

$$F = \overline{\overline{S_3 AB + S_2 A\overline{B}} \oplus \overline{\overline{B}S_1 + BS_0 + \overline{A}}}$$

将具体的 S 值代入，求得 F 值，填入表 4 - 14 中。

$S_3 S_2 S_1 S_0 = 0000,\ F = 1 \oplus \overline{A} = A$

$S_3 S_2 S_1 S_0 = 0001,\ F = 1 \oplus \overline{A+B} = A+B$

$S_3 S_2 S_1 S_0 = 0010,\ F = A \oplus \overline{A+B} = A+\overline{B}$

$S_3 S_2 S_1 S_0 = 0011,\ F = 1 \oplus 0 = 1$

$S_3 S_2 S_1 S_0 = 0100,\ F = \overline{A}\overline{B} \oplus \overline{A} = \overline{A}\overline{B}A + A\,\overline{\overline{B}A} = AB$

$S_3 S_2 S_1 S_0 = 0101,\ F = \overline{A}\overline{B} \oplus \overline{A+B} = A\overline{B}\,\overline{\overline{A+B}} + \overline{A}\overline{B}(A+B) = B$

$S_3 S_2 S_1 S_0 = 0110,\ F = \overline{A}\overline{B} \oplus \overline{A+\overline{B}} = AB + \overline{A}\overline{B} = A \odot B$

$S_3 S_2 S_1 S_0 = 0111,\ F = \overline{A}\overline{B} \oplus 0 = \overline{A}\overline{B} = \overline{A}+B$

$S_3 S_2 S_1 S_0 = 1000,\ F = \overline{A}\overline{B} \oplus \overline{A} = A\overline{B}$

$S_3 S_2 S_1 S_0 = 1001,\ F = \overline{A}\overline{B} \oplus \overline{A+B} = \overline{A}B + A\overline{B} = A \oplus B$

$S_3 S_2 S_1 S_0 = 1010,\ F = \overline{A}\overline{B} \oplus \overline{A+\overline{B}} = \overline{B}$

$S_3 S_2 S_1 S_0 = 1011,\ F = \overline{A}\overline{B} \oplus 0 = \overline{A}\overline{B}$

$S_3 S_2 S_1 S_0 = 1100,\ F = \overline{A} \oplus \overline{A} = 0$

$S_3 S_2 S_1 S_0 = 1101,\ F = \overline{A} \oplus \overline{A+B} = \overline{A}B$

$S_3 S_2 S_1 S_0 = 1110,\ F = \overline{A} \oplus \overline{A+\overline{B}} = \overline{A}B = \overline{A+B}$

$S_3 S_2 S_1 S_0 = 1111,\ F = \overline{A} \oplus 0 = \overline{A}$

表 4 - 14　题 4 表

S_3	S_2	S_1	S_0	F
0	0	0	0	A
0	0	0	1	$A+B$
0	0	1	0	$A+\overline{B}$
0	0	1	1	1
0	1	0	0	AB
0	1	0	1	B
0	1	1	0	$A \odot B$
0	1	1	1	$\overline{A}+B$
1	0	0	0	$A\overline{B}$
1	0	0	1	$A \oplus B$
1	0	1	0	$\overline{B}$
1	0	1	1	$\overline{A}\overline{B}$
1	1	0	0	0
1	1	0	1	$\overline{A}B$
1	1	1	0	$\overline{A+B}$
1	1	1	1	$\overline{A}$

5. 某商店营业时间为上午 8～12 时，下午 2～6 时，试设计营业时间指示电路。

解 因为一天有 24 小时，所以需要 5 个变量。P 变量表示上午或下午，$P=0$ 为上午，$P=1$ 为下午；$ABCD$ 表示时间数值。真值表如表 4-15、表 4-16 所示。

表 4-15 题 5 真值表一

P	A	B	C	D	F
0	0	0	0	0	0
0	0	0	0	1	0
0	0	0	1	0	0
0	0	0	1	1	0
0	0	1	0	0	0
0	0	1	0	1	0
0	0	1	1	0	0
0	0	1	1	1	0
0	1	0	0	0	1
0	1	0	0	1	1
0	1	0	1	0	1
0	1	0	1	1	1
0	1	1	0	0	1
0	1	1	0	1	×
0	1	1	1	0	×
0	1	1	1	1	×

表 4-16 题 5 真值表二

P	A	B	C	D	F
1	0	0	0	0	0
1	0	0	0	1	0
1	0	0	1	0	1
1	0	0	1	1	1
1	0	1	0	0	1
1	0	1	0	1	1
1	0	1	1	0	1
1	0	1	1	1	1
1	1	0	0	0	1
1	1	0	0	1	1
1	1	0	1	0	1
1	1	0	1	1	1
1	1	1	0	0	0
1	1	1	0	1	×
1	1	1	1	0	×
1	1	1	1	1	×

利用卡诺图化简，如图 4-23(a) 所示。

化简后的函数表达式为

$$F = \overline{P}A + P\overline{A}B\overline{C} + P\overline{A}\overline{B}C + P\overline{A}C\overline{D}$$
$$= \overline{\overline{P}A \cdot \overline{P\overline{A}B\overline{C}} \cdot \overline{P\overline{A}\overline{B}C} \cdot \overline{P\overline{A}C\overline{D}}}$$

用与非门实现的逻辑图如图 4-23(b) 所示。

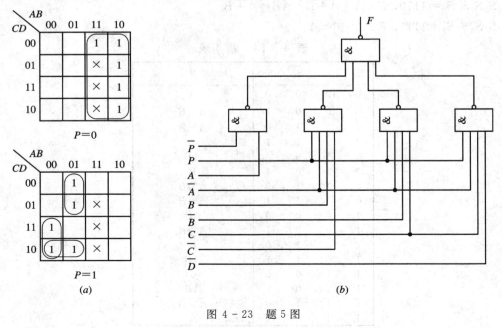

图 4-23 题 5 图

6. 试列出下列各题的真值表。

（1）四变量的多数表决器（四个变量中有多数变量为 1 时，其输出为 1）；

（2）三变量的判奇电路（三个变量中奇数个变量为 1 时，其输出为 1）；

（3）四变量的判偶电路（四个变量中偶数个变量为 1 时，其输出为 1）；

（4）三变量的一致电路（当变量全部相同时，输出为 1，否则为 0）；

（5）三变量的非一致电路（当变量全部相同时，输出为 0，否则为 1）。

解 （1）四变量的多数表决器真值表如表 4 - 17 所示。

（2）三变量的判奇电路真值表如表 4 - 18 所示。

（3）四变量的判偶电路真值表如表 4 - 19 所示。

（4）三变量的一致电路真值表如表 4 - 20 中 F_1 所示。

（5）三变量的非一致电路真值表如表 4 - 20 中 F_2 所示。

表 4 - 17 题 6(1)真值表

A	B	C	D	F
0	0	0	0	0
0	0	0	1	0
0	0	1	0	0
0	0	1	1	0
0	1	0	0	0
0	1	0	1	0
0	1	1	0	0
0	1	1	1	1
1	0	0	0	0
1	0	0	1	0
1	0	1	0	0
1	0	1	1	1
1	1	0	0	0
1	1	0	1	1
1	1	1	0	1
1	1	1	1	1

表 4 - 18 题 6(2)真值表

A	B	C	F
0	0	0	0
0	0	1	1
0	1	0	1
0	1	1	0
1	0	0	1
1	0	1	0
1	1	0	0
1	1	1	1

表 4 - 19 题 6(3)真值表

A	B	C	D	F
0	0	0	0	1
0	0	0	1	0
0	0	1	0	0
0	0	1	1	1
0	1	0	0	0
0	1	0	1	1
0	1	1	0	1
0	1	1	1	0
1	0	0	0	0
1	0	0	1	1
1	0	1	0	1
1	0	1	1	0
1	1	0	0	1
1	1	0	1	0
1	1	1	0	0
1	1	1	1	1

表 4 - 20 题 6(4)、(5)真值表

A	B	C	F_1	F_2
0	0	0	1	0
0	0	1	0	1
0	1	0	0	1
0	1	1	0	1
1	0	0	0	1
1	0	1	0	1
1	1	0	0	1
1	1	1	1	0

7. 今有四台设备，每台设备用电均为 10 kW。若这四台设备由 F_1、F_2 两台发电机供电，其中 F_1 的功率为 10 kW，F_2 的功率为 20 kW，而四台设备的工作情况是：四台设备不能同时工作，且至少有一台工作。试设计一个供电控制电路，以达到节电目的。

解 列出真值表，如表 4 – 21 所示。用卡诺图化简，得化简后的函数。

$$F_1 = \overline{A}\overline{C}\overline{D} + \overline{A}\overline{B}C + \overline{B}C\overline{D} + \overline{A}B\overline{D} + ABC + ABD + BCD + ACD$$

$$= \overline{\overline{A}\overline{C}\overline{D} \cdot \overline{A}\overline{B}C \cdot \overline{B}C\overline{D} \cdot \overline{A}B\overline{D} \cdot \overline{ABC} \cdot \overline{ABD} \cdot \overline{BCD} \cdot \overline{ACD}}$$

$$F_2 = AD + AC + AB + BC + BD + CD$$

$$= \overline{\overline{AD}\,\overline{AC}\,\overline{AB}\,\overline{BC}\,\overline{BD}\,\overline{CD}}$$

按以上逻辑方程，可画出用与非门实现的逻辑电路图。（略）

此电路如用异或门辅以其它门实现，可大大简化电路。

F_1 实为四变量判奇电路，因而

$$F_1 = A \oplus B \oplus C \oplus D$$

F_2 按图 4 – 24(a)可得

$$F_2 = \overline{A(B \oplus C) \cdot B(C \oplus D) \cdot D(A \oplus C)}$$

则得逻辑图如图 4 – 24(b)所示。

表 4 – 21　题 7 真值表

A	B	C	D	F_1	F_2
0	0	0	0	$\times$	$\times$
0	0	0	1	1	0
0	0	1	0	1	0
0	0	1	1	0	1
0	1	0	0	1	0
0	1	0	1	0	1
0	1	1	0	0	1
0	1	1	1	1	1
1	0	0	0	1	0
1	0	0	1	0	1
1	0	1	0	0	1
1	0	1	1	1	1
1	1	0	0	0	1
1	1	0	1	1	1
1	1	1	0	1	1
1	1	1	1	$\times$	$\times$

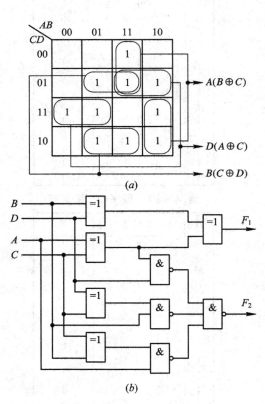

(a)

(b)

图 4 – 24　题 7 图

8. 设计一个电路实现将四位循环码转换成四位 8421 二进制码（自然二进制码）。

解 真值表如表 4 – 22 所示。利用卡诺图化简，如图 4 – 25(a)所示，化简结果为

$$B_8 = G_3$$
$$B_4 = G_3 \oplus G_2$$
$$B_2 = G_3 \oplus G_2 \oplus G_1$$
$$B_1 = G_4 \oplus G_2 \oplus G_1 \oplus G_0$$

其逻辑图如图 4 - 25(b)所示。

表 4 - 22　题 8 真值表

G_3	G_2	G_1	G_0	B_8	B_4	B_2	B_1
0	0	0	0	0	0	0	0
0	0	0	1	0	0	0	1
0	0	1	1	0	0	1	0
0	0	1	0	0	0	1	1
0	1	1	0	0	1	0	0
0	1	1	1	0	1	0	1
0	1	0	1	0	1	1	0
0	1	0	0	0	1	1	1
1	1	0	0	1	0	0	0
1	1	0	1	1	0	0	1
1	1	1	1	1	0	1	0
1	1	1	0	1	0	1	1
1	0	1	0	1	1	0	0
1	0	1	1	1	1	0	1
1	0	0	1	1	1	1	0
1	0	0	0	1	1	1	1

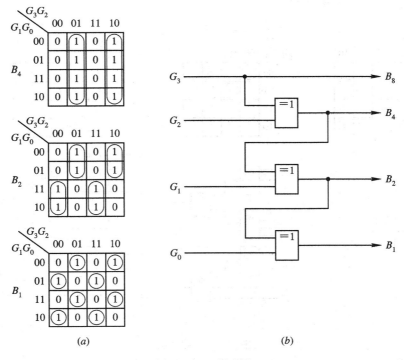

(a)　　　　　　　　　　　(b)

图 4 - 25　题 8 图

9. 试分别设计能实现如下功能的组合电路：

(1) 输入是 8421BCD 码，能被 2 整除时输出为 1，否则为 0；

(2) 输入是 8421BCD 码，能被 5 整除时输出为 1，否则为 0；

(3) 输入 N 是余 3BCD 码，当 $N \leqslant 3$ 或 $N \geqslant 8$ 时输出为 1，否则为 0。

解 将三个问题的真值表列在一起，如表 4-23 所示。其各小题的卡诺图及化简过程、对应的逻辑图分别如图 4-26(a)、(b)、(c)所示。

(1) $\qquad F_1 = \overline{D}$

(2) $\qquad F_2 = B\overline{C}D + \overline{A}\,\overline{B}\,\overline{C}\,\overline{D}$

$\qquad\qquad = \overline{\overline{B\overline{C}D} \cdot \overline{\overline{A}\,\overline{B}\,\overline{C}\,\overline{D}}}$

或 $\qquad F_2 = \overline{A}\,\overline{B}\,\overline{C}\,\overline{D} + \overline{A}B\overline{C}D$

$\qquad\qquad = \overline{A}\,\overline{C}(\overline{B}\,\overline{D} + BD)$

$\qquad\qquad = \overline{A}\,\overline{C}(\overline{B \oplus D})$

(3) $\qquad F_3 = B\overline{C} + B\overline{D} + \overline{B}CD$

$\qquad\qquad = B\,\overline{CD} + \overline{B}CD$

$\qquad\qquad = \overline{\overline{B\,\overline{CD}} \cdot \overline{\overline{B}CD}}$

或者 F_3 利用异或关系为

$\qquad\qquad F_3 = B \oplus (CD)$

表 4-23 题 9 真值表

A	B	C	D	F_1	F_2	F_3
0	0	0	0	1	1	×
0	0	0	1	0	0	×
0	0	1	0	1	0	×
0	0	1	1	0	0	1
0	1	0	0	1	0	1
0	1	0	1	0	1	1
0	1	1	0	1	0	1
0	1	1	1	0	0	0
1	0	0	0	1	0	0
1	0	0	1	0	0	0
1	0	1	0	×	×	0
1	0	1	1	×	×	1
1	1	0	0	×	×	1
1	1	0	1	×	×	×
1	1	1	0	×	×	×
1	1	1	1	×	×	×

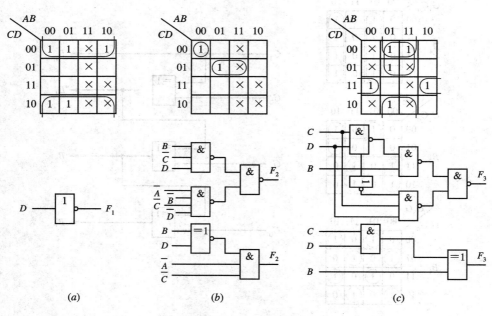

图 4-26 题 9 图

10. 利用中规模集成四位全加器，接成八位加/减法器（由 M 作为控制信号控制加或减操作），画出电路图。

解　如是加法，则二数直接相加即可；如是减法，则应将减数求补后，再与被减数相加。求补利用逐位取反加 1 法。设 $M=0$ 时，执行加法运算；$M=1$ 时，执行减法运算。为此要求 $M=0$ 时，减数直接送入全加器；$M=1$ 时，减数逐位取反加 1。此功能由异或门完成，即

$$F = 0 \oplus B = B, \quad F = 1 \oplus B = \overline{B}$$

其电路图如图 4 - 27 所示。

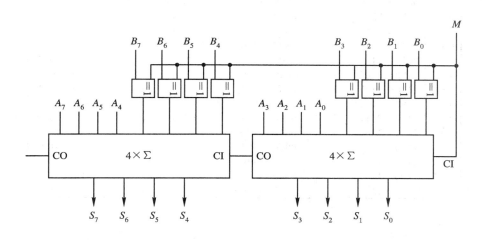

图 4 - 27　题 10 图

11. 利用四位集成全加器，实现将余 3 码转换为 8421BCD 码，画出电路图。

解　余 3 码减 3 即为 8421BCD 码，显然，仍然要用加补代替减 3。0011 的补码为 1101，任意一个余 3 码加 1101 则转换为对应的 8421BCD 码，例如 1100＋1101＝1001。电路图如图 4 - 28 所示。

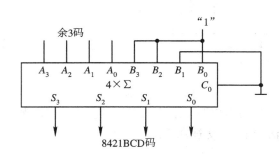

图 4 - 28　题 11 图

12. 利用四位集成全加器和门电路，实现一位余 3 码的加法运算，画出逻辑图(列出余 3 码的加法表(表 4 - 24)，再对和数进行修正)。

解　由表 4 - 24 可看出，高位数始终加 0011，低位数如进位位为 0，则和数减 0011(即加补数 1101)；进位位若为 1，则和数加 0011。电路图如图 4 - 29 所示。

表 4 - 24 题 12 真值表

数	余 3 代码	进位	和 数	修正数	结 果
0+0	0011＋0011	0	0000 0110	＋0011 －0011	0011 0011
0+1	0011＋0100	0	0000 0111	＋0011 －0011	0011 0100
0+2	0011＋0101	0	0000 1000	＋0011 －0011	0011 0101
0+3	0011＋0110	0	0000 1001	＋0011 －0011	0011 0110
0+4	0011＋0111	0	0000 1010	＋0011 －0011	0011 0111
0+5	0011＋1000	0	0000 1011	＋0011 －0011	0011 1000
0+6	0011＋1001	0	0000 1100	＋0011 －0011	0011 1001
0+7	0011＋1010	0	0000 1101	＋0011 －0011	0011 1010
0+8	0011＋1011	0	0000 1110	＋0011 －0011	0011 1011
0+9	0011＋1100	0	0000 1111	＋0011 －0011	0011 1100
9+1	1100＋0100	1	0000 0000	＋0011 ＋0011	0100 0011
9+2	1100＋0101	1	0000 0001	＋0011 ＋0011	0100 0100
9+3	1100＋0110	1	0000 0010	＋0011 ＋0011	0100 0101
9+4	1100＋0111	1	0000 0011	＋0011 ＋0011	0100 0110
9+5	1100＋1000	1	0000 0100	＋0011 ＋0011	0100 0111
9+6	1100＋1001	1	0000 0101	＋0011 ＋0011	0100 1000
9+7	1100＋1010	1	0000 0110	＋0011 ＋0011	0100 1001
9+8	1100＋1011	1	0000 0111	＋0011 ＋0011	0100 1010
9+9	1100＋1100	1	0000 1000	＋0011 ＋0011	0100 1011

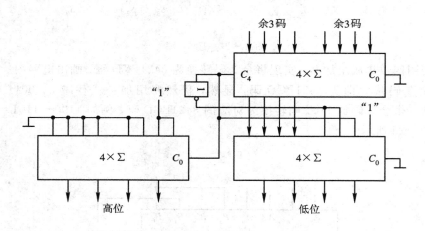

图 4 - 29 题 12 图

13. 利用全加器和门电路实现两个三位二进制的乘法，画出逻辑图。

解 首先列出乘法算式，设被乘数 $A = A_2 A_1 A_0$，乘数 $B = B_2 B_1 B_0$，乘积项为 $P_5 P_4 P_3 P_2 P_1 P_0$，则

$$
\begin{array}{cccccc}
 & & & A_2 & A_1 & A_0 \\
 & & & B_2 & B_1 & B_0 \\
\hline
 & & & A_2 B_0 & A_1 B_0 & A_0 B_0 \\
 & & A_2 B_1 & A_1 B_1 & A_0 B_1 & \\
 & A_2 B_2 & A_1 B_2 & A_0 B_2 & & \\
\hline
P_5 & P_4 & P_3 & P_2 & P_1 & P_0 \\
\end{array}
$$

其中

$$P_0 = A_0 B_0$$
$$P_1 = A_1 B_0 + A_0 B_1 \qquad\qquad 产生进位位 C_1$$
$$P_2 = A_2 B_0 + A_1 B_1 + A_0 B_2 + C_1 \qquad\qquad 产生进位位 C_2', C_2''$$
$$P_3 = A_2 B_1 + A_1 B_2 + C_2' + C_2'' \qquad\qquad 产生进位位 C_3', C_3''$$
$$P_4 = A_2 B_2 + C_3' + C_3'' \qquad\qquad 产生进位位 C_4$$
$$P_5 = C_4$$

电路如图 4 - 30 所示。

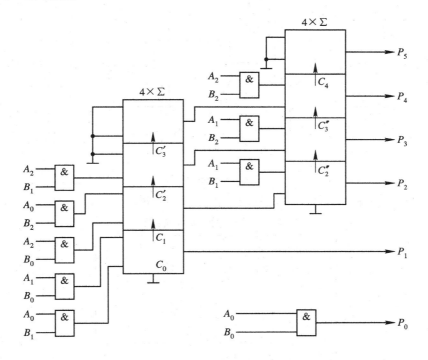

图 4 - 30 题 13 图

14. 利用全加器将四位二进制数转换为四位循环码。

解 真值表如表 4 - 25 所示，利用卡诺图化简如图 4 - 31(a)所示，其结果为

$$G_3 = B_8$$
$$G_2 = B_8 \oplus B_4$$
$$G_1 = B_4 \oplus B_2$$
$$G_0 = B_2 \oplus B_1$$

因为全加器和数 $S = A \oplus B \oplus C$ 是三变量异或关系，所以将 C 接地即完成二变量异或关系，电路如图 4 - 31(b)所示。

表 4 - 25 题 14 真值表

B_8	B_4	B_2	B_1	G_3	G_2	G_1	G_0
0	0	0	0	0	0	0	0
0	0	0	1	0	0	0	1
0	0	1	0	0	0	1	1
0	0	1	1	0	0	1	0
0	1	0	0	0	1	1	0
0	1	0	1	0	1	1	1
0	1	1	0	0	1	0	1
0	1	1	1	0	1	0	1
1	0	0	1	1	1	0	1
1	0	1	0	1	1	1	1
1	0	1	1	1	1	1	0
1	1	0	0	1	0	1	0
1	1	0	1	1	0	1	1
1	1	1	0	1	0	0	1
1	1	1	1	1	0	0	0

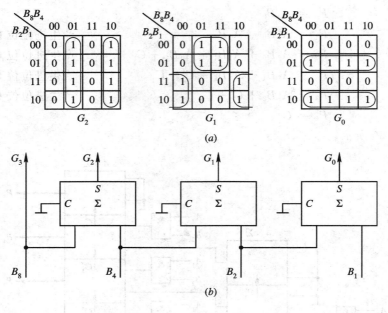

(a)

(b)

图 4 - 31　题 14 图

15. 试设计一个满足表 4 - 26 所示功能要求的编码器。

表 4 - 26　题 15 功能表

输　入				输　出			
W_3	W_2	W_1	W_0	F_3	F_2	F_1	F_0
0	0	0	1	0	1	1	1
0	0	1	0	1	0	1	1
0	1	0	0	1	1	0	1
1	0	0	0	1	1	1	0

解　此题较直观，由表 4 - 26 可得各输出端函数式：

$$F_3 = \overline{W_0}$$
$$F_2 = \overline{W_1}$$
$$F_1 = \overline{W_2}$$
$$F_0 = \overline{W_3}$$

其编码器如图 4 - 32 所示。

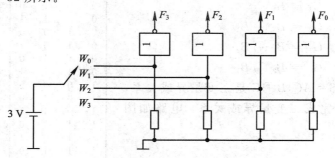

图 4 - 32　题 15 图

16. 试设计一个 2421BCD 编码器，它有 10 个输入端（$\overline{0},\overline{1},\overline{2},\overline{3},\overline{4},\overline{5},\overline{6},\overline{7},\overline{8},\overline{9}$），4 个输出端（$F_3,F_2,F_1,F_0$）。

解 首先列出编码表（见表 4 - 27），再由编码表获得各输出端的函数式，最后由函数式得电路图，如图 4 - 33 所示。$\overline{1}\sim\overline{9}$ 即表示 1～9 接地。

$$F_3 = 3+5+7+8+9$$
$$= \overline{\overline{3}\cdot\overline{5}\cdot\overline{7}\cdot\overline{8}\cdot\overline{9}}$$
$$F_2 = 4+6+7+8+9$$
$$= \overline{\overline{4}\cdot\overline{6}\cdot\overline{7}\cdot\overline{8}\cdot\overline{9}}$$
$$F_1 = 2+5+6+8+9$$
$$= \overline{\overline{2}\cdot\overline{5}\cdot\overline{6}\cdot\overline{8}\cdot\overline{9}}$$
$$F_0 = 1+3+5+7+9$$
$$= \overline{\overline{1}\cdot\overline{3}\cdot\overline{5}\cdot\overline{7}\cdot\overline{9}}$$

表 4 - 27 题 16 编码表

码值	F_3	F_2	F_1	F_0
0	0	0	0	0
1	0	0	0	1
2	0	0	1	0
3	1	0	0	1
4	0	1	0	0
5	1	0	1	1
6	0	1	1	0
7	1	1	0	1
8	1	1	1	0
9	1	1	1	1

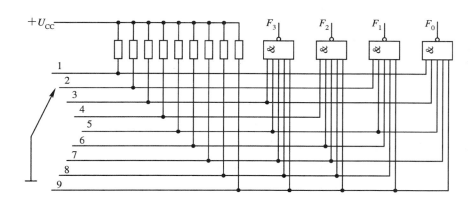

图 4 - 33 题 16 图

17. 三个输入信号中，A 的优先权最高，B 次之，C 最低，它们通过编码器分别由 F_A、F_B、F_C 输出。要求同一时间只有一个信号输出，若两个以上信号同时输入时，优先级高的被输出。试求输出表达式和编码器逻辑电路。

解 编码关系如表 4 - 28 所示。

$$F_A = A \qquad F_B = \overline{A}B \qquad F_C = \overline{A}\overline{B}C$$

电路图如图 4 - 34 所示。

表 4 - 28 题 17 编码关系表

A	B	C	F_A	F_B	F_C
1	$\times$	$\times$	1	0	0
0	1	$\times$	0	1	0
0	0	1	0	0	1

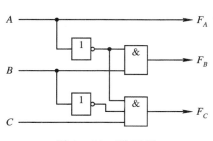

图 4 - 34 题 17 图

18. 有四个信号 A、B、C、D 接入某选通电路，若两个以上信号同时出现，则按 A、B、C、D 的前后顺序，前者优先通过。试设计该选通电路的逻辑图。

解 按题意可得

$$F = A + \overline{A}B + \overline{A}\,\overline{B}C + \overline{A}\,\overline{B}\,\overline{C}D$$

其电路图如图 4 – 35 所示。

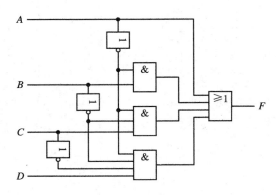

图 4 – 35 题 18 图

19. 用 3 – 8 译码器和与非门实现下列多输出函数：

$$F_1 = AB + \overline{A}\,\overline{B}\,\overline{C}$$
$$F_2 = A + B + \overline{C}$$
$$F_3 = \overline{A}B + A\overline{B}$$

解 用译码器设计组合电路，主要是利用译码器的每一输出端代表相应的一个最小项，因此，需将函数展开为最小项标准式。

$$F_1 = m_0 + m_6 + m_7 = \overline{\overline{m_0}\,\overline{m_6}\,\overline{m_7}}$$
$$F_2 = m_0 + m_2 + m_3 + m_4 + m_5 + m_6 + m_7 = \overline{m_1}$$
$$F_3 = m_2 + m_3 + m_4 + m_5 = \overline{\overline{m_2}\,\overline{m_3}\,\overline{m_4}\,\overline{m_5}}$$

按上述各式，用译码器组成的电路如图 4 – 36 所示。

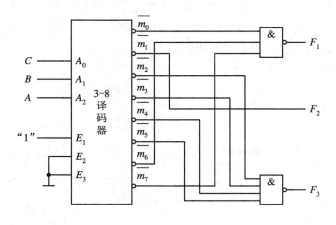

图 4 – 36 题 19 图

20. 用 4 - 16 译码器和与非门设计一个 8421BCD 码转换为循环 BCD 码的电路，其真值表如表 4 - 29 所示。

解

$$G_3 = m_8 + m_9 = \overline{\overline{m_8}\,\overline{m_9}}$$

$$G_2 = m_4 + m_5 + m_6 + m_7 + m_8 = \overline{\overline{m_4}\,\overline{m_5}\,\overline{m_6}\,\overline{m_7}\,\overline{m_8}}$$

$$G_1 = m_2 + m_3 + m_4 + m_5 = \overline{\overline{m_2}\,\overline{m_3}\,\overline{m_4}\,\overline{m_5}}$$

$$G_0 = m_1 + m_2 + m_5 + m_6 = \overline{\overline{m_1}\,\overline{m_2}\,\overline{m_5}\,\overline{m_6}}$$

其电路图如图 4 - 37 所示。

表 4 - 29 题 20 真值表

A	B	C	D	G_3	G_2	G_1	G_0
0	0	0	0	0	0	0	0
0	0	0	1	0	0	0	1
0	0	1	0	0	0	1	1
0	0	1	1	0	0	1	0
0	1	0	0	0	1	1	0
0	1	0	1	0	1	1	1
0	1	1	0	0	1	0	1
0	1	1	1	0	1	0	0
1	0	0	0	1	1	0	0
1	0	0	1	1	0	0	0

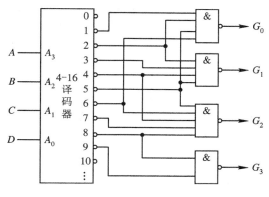

图 4 - 37 题 20 图

21. 用 74LS138 组成的电路如图 4 - 38 所示。

（1）写出逻辑表达式；

（2）填写相应的卡诺图。

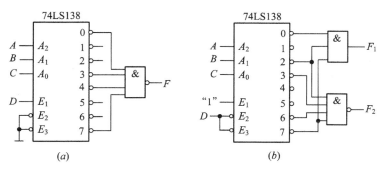

图 4 - 38 题 21 图

解 图 (a)：

$D = 0$ 时，该芯片被禁止，$F = 0$；

$D = 1$ 时，该芯片被选中，$F = \overline{\overline{m_0}\,\overline{m_3}\,\overline{m_4}\,\overline{m_7}} = m_0 + m_3 + m_4 + m_7$。

其卡诺图如图 4 - 39(a)所示。

图 (b)：

$D = 0$ 时，该芯片被选中，有

$$F_1 = \overline{\overline{m_0}\,\overline{m_2}\,\overline{m_7}} = \overline{m_0 + m_2 + m_7} = m_1 + m_3 + m_4 + m_5 + m_6$$

$$F_2 = \overline{\overline{m_2}\,\overline{m_3}\,\overline{m_6}\,\overline{m_7}} = m_2 + m_3 + m_6 + m_7$$

$D=1$ 时，该芯片被禁止，有

$$F_1 = 1, \quad F_2 = 0$$

其卡诺图如图 4-39(b)、(c)所示。

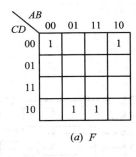

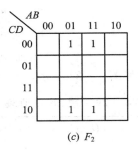

(a) F (b) F_1 (c) F_2

图 4-39　题 21 的卡诺图

22. 用 74LS138 设计一个一位二进制的全减器。其中，A 为被减数，B 为减数，C_{i-1} 为低位向本位的借位，C_i 为本位向高位的借位，D 为差。

(1) 列出真值表；

(2) 画出逻辑图。

解　(1) 真值表如表 4-30 所示。

表 4-30　题 22 真值表

A	B	C_{i-1}	C_i	D
0	0	0	0	0
0	0	1	1	1
0	1	0	1	1
0	1	1	1	0
1	0	0	0	1
1	0	1	0	0
1	1	0	0	0
1	1	1	1	1

$$C_i = m_1 + m_2 + m_3 + m_7 = \overline{\overline{m_1}\,\overline{m_2}\,\overline{m_3}\,\overline{m_7}}$$

$$D = m_1 + m_2 + m_4 + m_7 = \overline{\overline{m_1}\,\overline{m_2}\,\overline{m_4}\,\overline{m_7}}$$

(2) 逻辑图如图 4-40 所示。

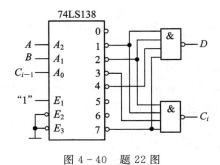

图 4-40　题 22 图

23. 用 74LS138 将输入的三位格雷码转换为三位二进制码输出。

（1）列出真值表；

（2）画出逻辑图。

解　（1）其真值表如表 4-31 所示。

表 4-31　题 23 真值表

G_2	G_1	G_0	B_2	B_1	B_0
0	0	0	0	0	0
0	0	1	0	0	1
0	1	1	0	1	0
0	1	0	0	1	1
1	1	0	1	0	0
1	1	1	1	0	1
1	0	1	1	1	0
1	0	0	1	1	1

$$B_2 = G_2$$
$$B_1 = m_2 + m_3 + m_4 + m_5 = \overline{\overline{m_2}\,\overline{m_3}\,\overline{m_4}\,\overline{m_5}}$$
$$B_0 = \overline{\overline{m_1}\,\overline{m_2}\,\overline{m_4}\,\overline{m_7}}$$

（2）其逻辑图如图 4-41 所示。

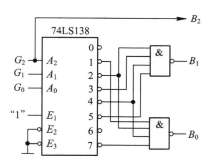

图 4-41　题 23 图

24. 用四选一数据选择器实现下列函数：

（1）$F(ABC) = \sum(0, 2, 4, 5)$

（2）$F(ABCD) = \sum(0, 2, 5, 7, 8, 10, 13, 15)$

（3）$F(ABCD) = \sum(1, 2, 3, 12, 15)$

解　四选一数据选择器的函数式为

$$F = \overline{A_1}\,\overline{A_0}D_0 + \overline{A_1}A_0 D_1 + A_1\overline{A_0}D_2 + A_1 A_0 D_3$$

将部分逻辑变量作为地址变量，其剩余逻辑变量反映在数据输入端 D_i 上。确定 D_i 的方法有代数法和卡诺图法两种。卡诺图法直观方便，以下各题均以卡诺图法为例。

（1）选 AB 作为地址变量，在卡诺图上确定 $D_0 \sim D_3$ 范围，得

$$D_0 = \overline{C}, \ D_1 = \overline{C}, \ D_2 = 1, \ D_3 = 0$$

卡诺图及电路如图 4-42 所示。

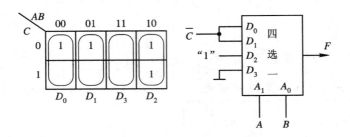

图 4 - 42 题 24(1)图

（2）选 BD 为地址变量，则

$$D_0 = D_3 = 1, \ D_1 = D_2 = 0$$

卡诺图及电路如图 4 - 43 所示。

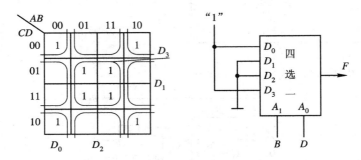

图 4 - 43 题 24(2)图

（3）选 AC 为地址变量，则

$$D_0 = \bar{B}D, \ D_1 = \bar{B}, \ D_2 = B\bar{D}, \ D_3 = BD$$

卡诺图及电路如图 4 - 44 所示。

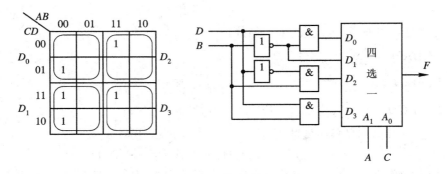

图 4 - 44 题 24(3)图

25. 用八选一数据选择器实现下列函数：

（1）$F(ABCD) = \sum(0, 2, 5, 7, 8, 10, 13, 15)$

（2）$F(ABCD) = \sum(0, 3, 4, 5, 9, 10, 12, 13)$

解 （1）选 BCD 为地址变量，则
$$D_0 = D_2 = D_5 = D_7 = 1, \quad D_1 = D_3 = D_4 = D_6 = 0$$
卡诺图及电路如图 4-45 所示。

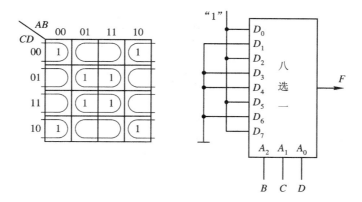

图 4-45　题 25(1)图

（2）选 ABC 为地址变量，则
$$D_0 = D_5 = \overline{D}, \qquad D_1 = D_4 = D$$
$$D_2 = D_6 = 1, \qquad D_3 = D_7 = 0$$
卡诺图及电路如图 4-46 所示。

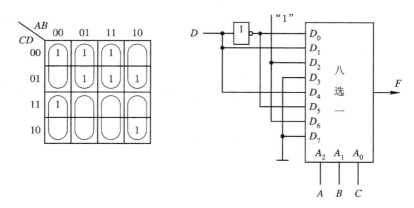

图 4-46　题 25(2)图

26．用四选一数据选择器和 3-8 译码器，组成二十选一数据选择器和三十二选一数据选择器。

解　这实际是将四选一数据选择器的功能扩大。利用数据选择器的使能端，四选一数据选择器需要两个地址变量，以最低两位作为它的地址变量，而二十选一和三十二选一数据选择器的地址变量应为 5 个，故高三位作为译码器的变量输入。

组成二十选一数据选择器，应用 5 个四选一数据选择器，究竟哪一片工作，视其对应的使能端是"0"还是"1"而定，这取决于译码器的输出。设地址变量为 $ABCDE$，电路如图 4-47 所示。

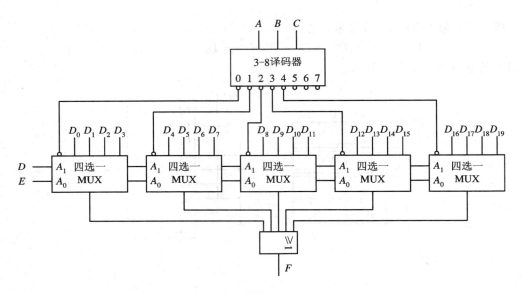

图 4 - 47　题 26 四选一数据选择器扩展为二十选一数据选择器

组成三十二选一数据选择器，应用 8 个四选一数据选择器。电路如图 4 - 48 所示。

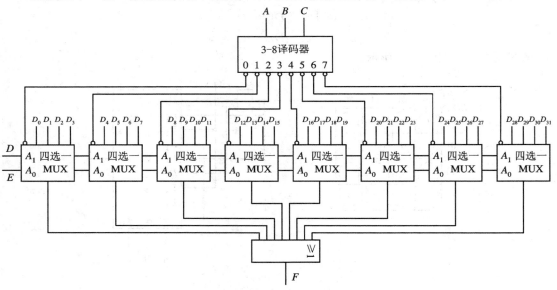

图 4 - 48　题 26 四选一数据选择器扩展为三十二选一数据选择器

27. 设计一个路灯的控制电路，要求在四个不同的地方都能独立地控制路灯的亮灭。

解　设开关向下为"1"，向上为"0"，输出"1"灯亮，反之灯灭。这实际是一个奇偶电路，当输入偶数个"1"时灯灭，奇数个"1"时灯亮，而四个不同地方均能控制"1"的个数的奇偶性，故选用异或门实现。电路如图 4 - 49 所示。

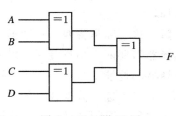

图 4 - 49　题 27 图

28. 用数据选择器组成的电路如图 4 - 50 所示，试分别写出电路的输出函数式。

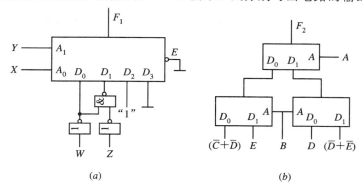

图 4 - 50 题 28 图

解 根据数据选择器功能，写出其函数式：

$$F_1 = \overline{Y}\,\overline{X}D_0 + \overline{Y}XD_1 + Y\overline{X}D_2 + YXD_3$$
$$= \overline{Y}\,\overline{X}\,\overline{W} + \overline{Y}X\,\overline{\overline{WZ}} + Y\overline{X}$$
$$= \overline{Y}\,\overline{X}\,\overline{W} + \overline{Y}XW + \overline{Y}XZ + Y\overline{X}$$
$$F_2 = \overline{A}D_0 + AD_1$$

其中

$$D_0 = \overline{B}(\overline{C}+\overline{D}) + BE,\ D_1 = \overline{B}D + B(\overline{D}+\overline{E})$$

则

$$F_2 = \overline{A}[\overline{B}(\overline{C}+\overline{D}) + BE] + A[\overline{B}D + B(\overline{D}+\overline{E})]$$
$$= \overline{A}\,\overline{B}\,\overline{C} + \overline{A}\,\overline{B}\,\overline{D} + \overline{A}BE + A\overline{B}D + AB\overline{D} + AB\overline{E}$$

29. 用四选一数据选择器组成的电路如图 4 - 51 所示。

(1) 写出 F_1、F_2 的表达式；

(2) 列出真值表；

(3) 说明其功能。

解 (1) $F_1 = \overline{A}\,\overline{B}C + \overline{A}B\overline{C} + A\overline{B}\,\overline{C} + ABC$

$F_2 = \overline{A}BC + A\overline{B}C + AB$

(2) 真值表如表 4 - 32 所示。

(3) 该电路是一位二进制的全加器。其中，A 为被加数，B 为加数，C 为低位向本位的进位，F_1 为和数，F_2 为本位向高位的进位。

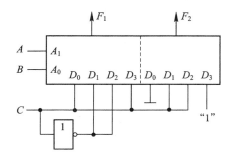

图 4 - 51 题 29 图

表 4 - 32 题 29 真值表

A	B	C	F_2	F_1
0	0	0	0	0
0	0	1	0	1
0	1	0	0	1
0	1	1	1	0
1	0	0	0	1
1	0	1	1	0
1	1	0	1	0
1	1	1	1	1

30. 已知函数 $F(ABCD)=\sum(1,2,3,7,9,10,11,15)$，输入只提供原变量，选用四选一数据选择器，合理选择地址，不允许用其它门电路实现该函数。

解 首先在卡诺图上填入该函数，如图 $4-52(a)$ 所示。

选 BC 为地址，在 BC 范围内确定 D_i 与其它变量的关系：

$$D_0=D,\ D_1=1,\ D_2=0,\ D_3=D$$

其逻辑图如图 $4-52(b)$ 所示。

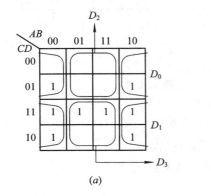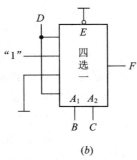

(a)　　　　　　　　　　(b)

图 $4-52$　题30图

31. 判断下列函数组成的电路存在何种险象：

(1) $F=AB+A\bar{B}C$

(2) $F=\overline{ABCD}+A\overline{ABC}$

(3) $F=\overline{\overline{A\ \overline{BC}}\cdot\overline{CD}}$

(4) $F=\overline{ACD}+B\overline{D}$

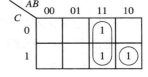

图 $4-53$　题31(1)图

解 (1) 代数法：当 $A=C=1$ 时，$F=B+\bar{B}$，故当变化时，将产生偏"1"冒险。

卡诺图法：由图 $4-53$ 所示卡诺图可看出，两卡诺圈相切，故当 B 变化时，存在偏"1"冒险。

(2) 代数法：无论 A、B、C、D 如何变，不存在 $X\bar{X}$ 或 $X+\bar{X}$ 关系，故此题无险象。

卡诺图法：因图 $4-54$ 所示两卡诺圈相交，故不存在险象。

(3) 代数法：不存在 $X\bar{X}$ 或 $X+\bar{X}$ 关系，故无险象。

卡诺图法：因图 $4-55$ 所示两卡诺圈相交，故不存在险象。

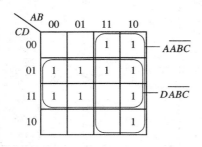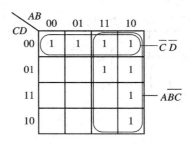

图 $4-54$　题31(2)图　　　　图 $4-55$　题31(3)图

（4）代数法：当 $A=C=B=1$ 时，存在 $\overline{\overline{D}+\overline{D}}=\overline{D}D$，即存在偏"0"冒险。

卡诺图法：因图 4-56 所示卡诺圈相切，故在 D 发生变化时产生偏"0"冒险。

32. 用无冒险的"与非门"网络实现下列逻辑函数：

（1）$F=\overline{A}B+\overline{B}\overline{D}+A\overline{B}\overline{C}$

（2）$F(ABCD)=\sum(0,1,2,6,7,8,10,12,14)$

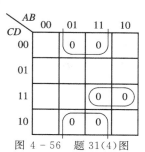

图 4-56 题 31(4)图

解 利用卡诺图法化简时，保证卡诺圈不相切即能保证无冒险。因而，此时常常出现多余圈。

（1）化简时在 $\overline{A}B$ 和 $\overline{B}\overline{D}$ 间应加一个 $\overline{A}\overline{D}$ 项，如图 4-57 所示，即

$$F=\overline{A}B+\overline{B}\overline{D}+A\overline{B}\overline{C}+\overline{A}\overline{D}$$

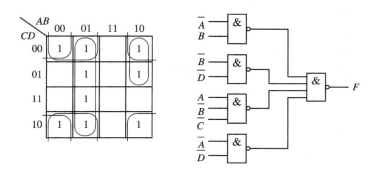

图 4-57 题 32(1)图

（2）
$$F=\overline{B}\overline{D}+\overline{A}\overline{B}\overline{C}+A\overline{D}+\overline{A}BC+C\overline{D}$$

卡诺图及电路如图 4-58 所示。

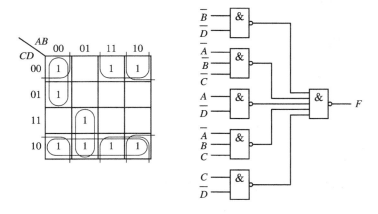

图 4-58 题 32(2)图

第 5 章

触 发 器

时序电路的输出不仅与当前的输入有关，而且也与电路的过去状态有关。因此，时序电路应具有记忆功能的部件，一般由触发器完成。

触发器具有以下基本性质：

（1）具有两个稳定的状态，分别用二进制数码"1"和"0"表示。

（2）由一个稳态到另一个稳态，必须有外界信号的触发；否则，它将长期稳定在某个状态，即长期保持所记忆的信息。

（3）具有两个输出端：原码输出 Q 和反码输出 $\bar{Q}$。一般用 Q 的状态表明触发器的状态。如外界信号使 $Q=\bar{Q}$，则破坏了触发器的状态，这种情况在实际运用中是不允许出现的。

本章首先讲述了基本触发器，介绍了基本 RS 触发器、钟控 RS 触发器、D 触发器、T 触发器和 JK 触发器的功能。基本触发器存在空翻和振荡现象，限制了其使用，因此本章给出了各种克服空翻与振荡的实际应用的触发器电路结构。由于我们主要是应用触发器，所以对各种结构的工作过程讲述很少，学生只要掌握功能就可以了。

通过本章的学习，要求学生：

（1）掌握各种触发器（主要是克服空翻与振荡的触发器）的工作原理和工作特点，建立现态和次态的概念。掌握触发器逻辑功能的表示方法，包括状态真值表（状态表、特性表）、特征方程（特性方程、状态方程、次态方程）、状态图和波形图。

（2）掌握四种主要类型触发器——RS 触发器、D 触发器、T 触发器和 JK 触发器各自的功能特点及在时钟脉冲作用下的翻转时刻。

（3）理解触发器的直接置位端 S_d 和直接复位端 R_d 的功能及优先级别关系。

5.1　本 章 小 结

5.1.1　基本触发器

这一节主要是通过最简单的电路结构，介绍各种触发器的功能及表示触发器功能的各种方法。各种触发器的电路结构、功能表、特征方程和状态迁移图如表 5 - 1 所示。

由表 5 - 1 可看出，其它触发器均是在基本 RS 触发器的基础上加入两个控制门而构成的。触发器功能的不同，仅仅在于控制门的连接方式不同。

由于基本 RS 触发器翻转时刻不能控制，因而引出钟控 RS 触发器，即在基本 RS 触发器的基础上加入两个控制门。

由于基本 RS 触发器和钟控 RS 触发器存在约束条件，给使用带来不便，从而引出 D 触发器。

对于 RS 触发器，使 $R=\bar{S}$ 即构成 D 触发器，这样 R 和 S 端不可能相等，也就排除了约束条件的限制。D 触发器最主要的特征是能将输入端的数据 D 送入触发器。但上述触发器仍不能满足实际的需要，实际中有时要求不管触发器原来处于何种状态，每来一个 CP 信号，它都必须翻转一次，因此，出现了 T 触发器。

表 5－1　各种基本触发器性能表

名称	基本 RS 触发器	钟控 RS 触发器	钟控 D 触发器	钟控 T 触发器	钟控 JK 触发器
电路组成					
功能表	$R_d\ S_d$　功能 $0\ 0$　$\times$ $0\ 1$　$Q^{n+1}=0$ $1\ 0$　$Q^{n+1}=1$ $1\ 1$　$Q^{n+1}=Q^n$	$R\ S$　功能 $0\ 0$　$Q^{n+1}=Q^n$ $0\ 1$　$Q^{n+1}=1$ $1\ 0$　$Q^{n+1}=0$ $1\ 1$　$\times$	D　功能 0　$Q^{n+1}=0$ 1　$Q^{n+1}=1$	T　功能 0　$Q^{n+1}=Q^n$ 1　$Q^{n+1}=\bar{Q}^n$	$J\ K$　功能 $0\ 0$　$Q^{n+1}=Q^n$ $0\ 1$　$Q^{n+1}=0$ $1\ 0$　$Q^{n+1}=1$ $1\ 1$　$Q^{n+1}=\bar{Q}^n$
特征方程	$Q^{n+1}=\bar{S}_d+R_dQ^n$ 约束条件 $\bar{R}_d\bar{S}_d=0$	$Q^{n+1}=S+\bar{R}Q^n$ 约束条件 $RS=0$	$Q^{n+1}=D$	$Q^{n+1}=\bar{T}Q^n+T\bar{Q}^n$	$Q^{n+1}=J\bar{Q}^n+\bar{K}Q^n$
状态迁移图					

T 触发器可由 RS 触发器或 D 触发器转换而来。对于 RS 触发器，只需在原 RS 触发器引入两条反馈线分别接至控制门的输入端即构成 T 触发器。这样，每来一个 CP 信号，它均能翻转一次。

JK 触发器是一种多功能触发器，它具有 RS 触发器和 T 触发器的功能。将 T 触发器 T 端断开，分别定义为 J 端和 K 端，即可构成 JK 触发器。

由于基本触发器结构简单，故在实际应用中存在空翻与振荡现象。

空翻是指在一个时钟期间内，由于输入激励信号的变化，触发器产生多次翻转。

振荡是指在 CP 有效期间内，由于反馈线的存在，触发器的状态不停地转换。

显然，空翻与振荡的存在，使得基本触发器难于正常工作。正常工作时要求每来一个 CP 信号，触发器只能翻转一次。为此，实用触发器必须克服空翻与振荡。

5.1.2 集成触发器

解决空翻与振荡的思路是：将 CP 电平触发改为边沿触发（即仅在 CP 的上升沿或下降沿，触发器按其功能翻转，其余时刻均处于保持状态）。集成触发器中常采用的电路结构有：

（1）维持阻塞触发器；

（2）边沿触发器；

（3）主从触发器。

1. 维持阻塞触发器

维持阻塞触发器是利用电路内部的连接(反馈线)产生维持阻塞作用的。

维持是指在 CP 期间，输入发生变化的情况下，使应该开启的门维持畅通无阻，以完成预定的操作。

阻塞是指在 CP 期间，输入发生变化的情况下，使不应该开启的门被阻塞，即处于关闭状态，阻止发生错误的操作。

维持阻塞触发器一般在 CP 的上升沿接收输入控制信号并改变其状态，在其它时刻均处于保持状态。

2. 边沿触发器

边沿触发器是利用电路内部门电路的速度差来克服空翻与振荡的。一般边沿触发器多采用 CP 的下降沿触发，也有少数采用上升沿触发方式。

3. 主从触发器

主从触发器由两级触发器组成，一个是主触发器，另一个是从触发器。主触发器输出 $Q_\pm$、$\overline{Q}_\pm$ 为内部输出端；从触发器输出 Q、$\overline{Q}$ 是触发器的输出端。两级触发器的时钟是这样连接的：CP 送入主触发器 CP 端，经过取反后送入从触发器的 CP 端。主从触发器电路如图 5-1 所示。

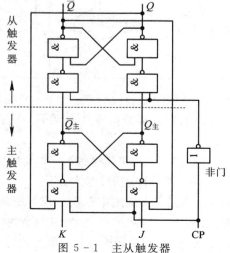

图 5-1 主从触发器

主从触发器采用双拍式工作方式。

（1）CP 高电平期间主触发器接收输入控制信号。主触发器根据 J、K 输入端的情况和 JK 触发器的功能，将其状态 $Q_主(\overline{Q}_主)$ 改变一次（这是主从触发器的一次性翻转特性），而从触发器被封锁，保持 $Q(\overline{Q})$ 状态不变。

（2）在 CP 由 1→0 时（即下降沿），主触发器被封锁，保持 CP 高电平时所接收的状态不变，而从触发器解除封锁，接收主触发器的状态，即 $Q=Q_主$。

触发器的翻转特性可通过逻辑图表示出来。触发器逻辑符号中 CP 端若加"＞"，表示边沿触发；不加"＞"，表示电平触发。CP 输入端加了"＞"且加"○"，表示 CP 下降沿触发；不加"○"，表示上升沿触发。CP 不加"＞"但加"○"，表示低电平触发；不加"○"表示高电平触发。

为便于比较，现将各种触发器的新旧逻辑符号列于表 5-2 中。

表 5-2　触发器的逻辑符号

触发器类型	由与非门构成的基本 RS 触发器	由或非门构成的基本 RS 触发器	同步式时钟触发（以 RS 功能触发器为例）	维持阻塞触发器和上升沿触发的边沿触发器（以 D 功能触发器为例）	边沿式触发器及下降沿触发的维持阻塞触发器（以 JK 功能触发器为例）	主从式触发器（以 JK 功能触发器为例）
触发器惯用符号						
新标准符号						

表 5-2 中主从式 JK 触发器及边沿式 JK 触发器的惯用符号是一样的，但新标准符号能表示出主从触发器的特点，CP 输入端不加"○"，也不加"＞"，表示高电平时主触发器接收控制输入信号；输出端 Q 和 $\overline{Q}$ 加"┐"，表示 CP 由高变低时，从触发器向主触发器看齐。

5.1.3　触发器的直接置位和直接复位

为了使用户可以十分方便地设置触发器的状态，绝大多数实际的触发器均设置了直接置位端和直接复位端。

直接置位端也可称为直接置"1"端，用 S_d 表示，有的器件用 Pr 表示，称为预置端。

直接复位端也可称为直接置"0"端，用 R_d 表示，有的器件用 Clear 表示，称为清除端。

直接置位端与直接复位端的作用优先于输入控制端，即 R_d 或 S_d 起作用时，触发器的功能失效，状态由 R_d 和 S_d 决定。只有当 R_d 和 S_d 不起作用时（即均为"1"时），触发器的状态才由 CP 和输入控制端确定。

具有直接置位端和复位端的触发器符号和相应的波形分别如图 5-2(a) 和图 5-2(b) 所示。其功能如表 5-3 和表 5-4 所示。

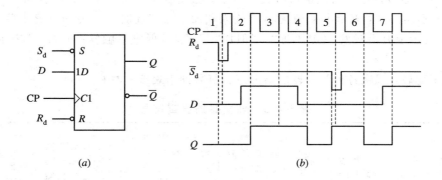

图 5-2　维持阻塞触发器

（a）逻辑符号；（b）波形图

表 5-3　D 触发器功能表

输入				输出	
R_d	S_d	D	CP	Q	$\bar{Q}$
0	1	$\times$	$\times$	0	1
1	0	$\times$	$\times$	1	0
1	1	1	$\uparrow$	1	0
1	1	0	$\uparrow$	0	1
0	0	$\times$	$\times$	1	1

表 5-4　JK 触发器功能表

输入					输出	
R_d	S_d	J	K	CP	Q	$\bar{Q}$
0	1	$\times$	$\times$	$\times$	0	1
1	0	$\times$	$\times$	$\times$	1	0
1	1	0	0	$\downarrow$	Q^n	
1	1	0	1	$\downarrow$	0	1
1	1	1	0	$\downarrow$	1	0
1	1	1	1	$\downarrow$	$\bar{Q}^n$	
0	0	$\times$	$\times$	$\times$	1	1

考虑 R_d、S_d 作用时，其触发器的特征方程如下：

D 触发器　　　　　$Q^{n+1}=DR_d+\bar{S}_d$

JK 触发器　　　　　$Q^{n+1}=(J\bar{Q}^n+\bar{K}Q^n)R_d+\bar{S}_d$

$R_dS_d=01$ 时，$Q^{n+1}=0$，置 0；

$R_dS_d=10$ 时，$Q^{n+1}=1$，置 1；

$R_dS_d=11$ 时，$Q^{n+1}=D$ 和 $Q^{n+1}=J\bar{Q}^n+\bar{K}Q^n$。

为了给用户提供方便，有些集成触发器的输入控制端不止一个，通常是三个，输入控制信号等于各个输入信号相与。其逻辑图如图 5-3 所示。图 5-3(b)中，

$$J=J_1J_2J_3, \quad K=K_1K_2K_3$$

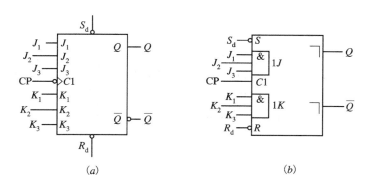

图 5 - 3 多输入控制端触发器

5.2 典型题举例

例 1 为了使钟控 RS 触发器的次态为 1，RS 的取值应为（　　）。

A. $RS=00$　　　　B. $RS=01$　　　　C. $RS=10$　　　　D. $RS=11$

答案：B

例 2 要求 JK 触发器状态由 0→1，其激励输入端 JK 应为（　　）。

A. $JK=0\times$　　　B. $JK=1\times$　　　C. $JK=\times0$　　　D. $JK=\times1$

答案：B

例 3 为使触发器克服空翻与振荡，应采用（　　）。

A. CP 高电平触发　　　　　　　　　B. CP 低电平触发

C. CP 低电位触发　　　　　　　　　D. CP 边沿触发

答案：D

例 4 将 RS 触发器接成 D 触发器，则应将（　　）。

A. R 作为输入 D 端，$S=\overline{R}$

B. S 作为输入 D 端，$R=1$

C. S 作为输入 D 端，$R=\overline{S}$

D. R 作为输入 D 端，$S=0$

答案：C

例 5 触发器完成 $Q^{n+1}=\overline{Q}^n$，其激励端应该为（　　）。

A. $J=1$，$K=1$　　　　　B. $D=\overline{Q}^n$　　　　　C. $T=1$

D. $S=\overline{Q}^n$，$R=1$　　　　E. $J=\overline{Q}^n$，$K=Q^n$

答案：A B C D E

例 6 为了使 D 触发器在 CP 脉冲控制下，接收 D 端的输入信号，其直接置位端 S_d 和直接复位端 R_d 的逻辑值应为（　　）。

A. $S_d R_d=11$　　　B. $S_d R_d=10$　　　C. $S_d R_d=01$　　　D. $S_d R_d=00$

答案：A

例7 电路如图 5 - 4 所示，其中能完成 $Q^{n+1} = \bar{Q}^n + A$ 的电路是（   ）。

答案：B

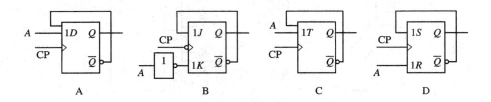

图 5 - 4　例 7 图

每个触发器的特征方程分别为

$$Q^{n+1} = D = A\bar{Q}^n$$

$$Q^{n+1} = J\bar{Q}^n + \bar{K}Q^n = \bar{Q}^n + AQ^n = \bar{Q}^n + A$$

$$Q^{n+1} = T\bar{Q}^n + \bar{T}Q^n = A\bar{Q}^n + \overline{A\bar{Q}^n}Q^n = A + Q^n$$

$$Q^{n+1} = S + \bar{R}Q^n = \bar{Q}^n + \bar{A}Q^n = \bar{Q}^n + \bar{A}$$

因此应选 B。

例8 电路如图 5 - 5 所示，问该电路是完成何种功能的触发器。请具体分析。

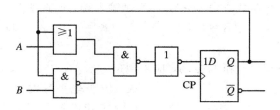

图 5 - 5　例 8 图

解　由图 5 - 5 可写出激励函数

$$D = \overline{\overline{(A + Q^n)}\ \overline{\bar{B}Q^n}} = (A + Q^n)(\bar{B} + \bar{Q}^n)$$

$$= A\bar{B} + A\bar{Q}^n + \bar{B}Q^n = A\bar{Q}^n + \bar{B}Q^n$$

其中，$A\bar{B}$ 为多余项。

其特征方程为

$$Q^{n+1} = D = A\bar{Q}^n + \bar{B}Q^n$$

与 JK 触发器特性方程对照

$$Q^{n+1} = J\bar{Q}^n + \bar{K}Q^n$$

得

$$J = A, \quad K = B$$

因此该电路完成 JK 触发器的功能。

例9 将 JK 触发器转换成 T' 触发器有几种方案？请画出连接图。

解　T' 触发器特征方程为

$$Q^{n+1} = \bar{Q}^n$$

即每来一时钟信号，触发器翻转一次。图 5-6 所示四种连接方式，可将 JK 触发器转换为 T′ 触发器。

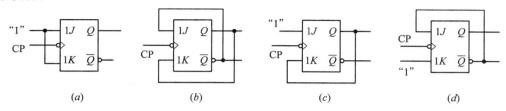

图 5-6　例 9 图

例 10　触发器电路如图 5-7 所示，当 $A=1$ 时次态 Q^{n+1} 等于（　　）。

A. $Q^{n+1}=0$ 　　　　B. $Q^{n+1}=1$

C. $Q^{n+1}=Q^n$ 　　　　D. $Q^{n+1}=\overline{Q}^n$

答案：B

因为

$$Q^{n+1}=T\overline{Q}^n+\overline{T}Q^n$$
$$=(\overline{A}Q^n+A\overline{Q}^n)\overline{Q}^n+(AQ^n+\overline{A}\overline{Q}^n)Q^n$$
$$=A\overline{Q}^n+AQ^n=A$$

所以，当 $A=1$ 时，$Q^{n+1}=1$。

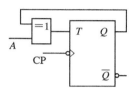

图 5-7　例 10 图

例 11　触发器电路如图 5-8 所示，其次态方程为（　　）。

A. $Q^{n+1}=1$ 　　　　B. $Q^{n+1}=0$

C. $Q^{n+1}=Q^n$ 　　　　D. $Q^{n+1}=\overline{Q}^n$

答案：A

因为

$$Q^{n+1}=T\overline{Q}^n+\overline{T}Q^n$$
$$=\overline{Q}^n\overline{Q}^n+Q^nQ^n$$
$$=\overline{Q}^n+Q^n$$
$$=1$$

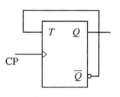

图 5-8　例 11 图

例 12　触发器电路如图 5-9 所示，其次态 Q^{n+1} 为（　　）。

A. $Q^{n+1}=0$ 　　　　B. $Q^{n+1}=1$

C. $Q^{n+1}=A$ 　　　　D. $Q^{n+1}=\overline{A}$

答案：D

因为

$$Q^{n+1}=J\overline{Q}^n+\overline{K}Q^n$$
$$=(AQ^n+\overline{A}\overline{Q}^n)\overline{Q}^n+(\overline{A}Q^n+A\overline{Q}^n)Q^n$$
$$=\overline{A}\overline{Q}^n+\overline{A}Q^n=\overline{A}$$

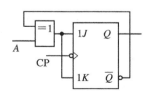

图 5-9　例 12 图

例 13　JK 触发器及 CP、A、B、C 的波形如图 5-10 所示，设 Q 的初始态为 0。

（1）写出电路的次态方程；

（2）画出 Q 的波形。

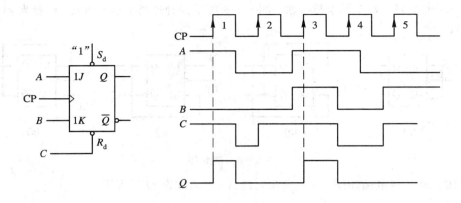

图 5 - 10 例 13 图

解 （1）该电路使用了直接置位端 S_d 和直接复位端 R_d，根据其优先级别得特征方程

$$Q^{n+1} = (J\bar{Q}^n + \bar{K}Q^n)R_d + \bar{S}_d$$

将具体 J、K、R_d、$\bar{S}_d$ 代入得其次态方程

$$Q^{n+1} = (A\bar{Q}^n + BQ^n)C$$

（2）Q 的波形如图 5 - 10 所示。

具体过程如下（读者做题时不用写此过程）：

由于是上升沿触发，因此主要关注 CP 上升沿的 J、K 状态。

第一个 CP 上升沿，$J = A = 1$，$K = B = 0$，置 1 功能，Q 由 0→1。之后，由于 $R_d = C = 0$，则 Q 在 $C = 0$ 时刻又由 1→0，一直维持至第二个 CP 的上升沿。

第二个 CP 上升沿，$J = A = 0$，$K = B = 0$，处于维持状态，故 Q 维持在"0"状态。

第三个 CP 上升沿，$J = A = 1$，$K = B = 1$，处于必翻状态，故 Q 由 0→1。

第四个 CP 上升沿，$J = A = 1$，$K = B = 0$，处于置"1"状态，故 Q 仍维持在"1"状态。之后由于 $R_d = C = 0$，故在 $C = 0$ 时刻 Q 再次由 1→0，一直维持至第五个 CP 的上升沿。

第五个 CP 上升沿，$J = A = 0$，$K = B = 1$，处于置"0"状态，故 Q 仍维持在"0"状态。

做此题时应注意以下几点：

（1）画波形的依据是触发器的功能。知道这一点，读者才不至于惧怕画图题。

（2）要弄清触发器是 CP 上升沿触发还是 CP 下降沿触发。

（3）勿忽视 S_d 和 R_d 的作用。

例 14 触发器电路及相关波形如图 5 - 11 所示。

（1）写出该触发器的次态方程；

（2）对应给定波形画出 Q 端波形（设起始状态 $Q = 0$）。

解 （1） $$Q^{n+1} = J\bar{Q}^n + \bar{K}Q^n$$

将 $J = K = A \oplus Q^n = \bar{A}Q^n + A\bar{Q}^n$ 代入得

$$Q^{n+1} = (\bar{A}Q^n + A\bar{Q}^n)\bar{Q}^n + \overline{\bar{A}Q^n + A\bar{Q}^n}Q^n$$

$$= A\bar{Q}^n + AQ^n = A$$

（2）Q 端波形如图 5 - 11 所示。Q' 图显然是错误的，因为 $Q^{n+1} = A$，仅在 CP 下降沿有效。

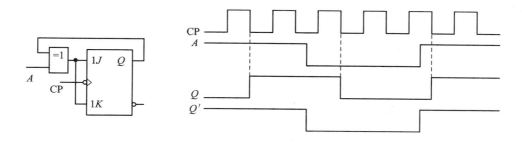

图 5 - 11 例 14 图

例 15 图 5 - 12(a)所示 D 触发器电路,设初始态 $Q=0$,输入时钟波形 CP 和 A 波形如图 5 - 12(b)所示,试画出 Q 的波形。

解 特征方程为

$$Q^{n+1} = D$$

且为 CP 上升沿触发,其波形如图 5 - 12(b)所示。

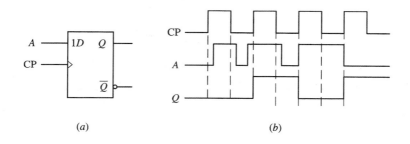

(a)   (b)

图 5 - 12 例 15 图

例 16 已知 TTL 主从 JK 触发器输入端 J、K 及时钟脉冲 CP 波形如图 5 - 13 所示,试画出内部主触发器 $Q_{主}$ 端及输出端 Q 的波形。设触发器初态为 0。

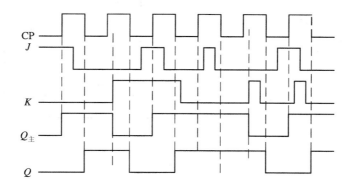

图 5 - 13 例 16 图

解 TTL 主从触发器工作过程为:在 CP=1 期间主触发器翻转,且存在"一次性翻转",即 CP=1 期间,主触发器仅翻转一次。之后,J、K 端变化时,主触发器不再翻转。由

此画出 $Q_{主}$ 波形。在 CP 由 1→0 时刻，即 CP 下降沿，从触发器接收主触发器的状态。波形如图 5 - 13 所示。

例 17 画出 JK 触发器的状态图。

解 JK 触发器功能如下：

J、K 均为 0，触发器处于维持，即 $Q^{n+1}=Q^n$；

$J=0$、$K=1$，触发器为置 0 态，即 $Q^{n+1}=0$；

$J=1$、$K=0$，触发器为置 1 态，即 $Q^{n+1}=1$；

J、K 均为 1，触发器为必翻，即 $Q^{n+1}=\bar{Q}^n$。

由上述功能可画出状态图，其过程如下：

触发器由 0→0，J、K 为 00 处于维持态或 $J=0$、$K=1$ 处于置 0 态，均可完成此功能。

触发器由 0→1，J、K 为 10 置 1 态或为 11 必翻态，均可完成此功能。

触发器由 1→1，J、K 为 00 维持态或为 10 置 1 态，均可完成此功能。

触发器由 1→0，J、K 为 01 置 0 态或为 11 必翻态，均可完成此功能。

其状态图如图 5 - 14 所示。

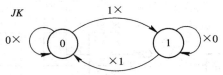

图 5 - 14 例 17 图

题型变换 某触发器状态迁移图如图 5 - 14 所示，则该触发器为（   ）。

A. RS 触发器　　　　B. T 触发器　　　　C. JK 触发器　　　　D. D 触发器

答案：C

例 18 触发器电路及 CP、A、B 的波形如图 5 - 15 所示。

（1）写出该触发器的次态方程；

（2）画出 Q 端波形（设初态 $Q=0$）。

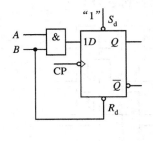 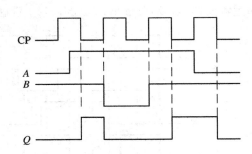

图 5 - 15 例 18 图

解 （1）
$$Q^{n+1}=DR_d+\bar{S}_d$$

将 $D=AB$，$R_d=B$，$S_d=1$ 代入得

$$Q^{n+1}=AB$$

（2）Q 端波形如图 5 - 15 所示。

5.3　练 习 题 题 解

1. 试画出用或非门组成的基本 RS 触发器，并列出状态真值表，求出特征方程。

解　由或非门组成的 RS 触发器电路如图 5-16(a)所示。由电路和或非门的功能列出状态真值表如表 5-5 所示。运用卡诺图求出其特征方程。

$$Q^{n+1} = R + \overline{S}Q^n$$

约束条件为
$$R \cdot S = 0$$

具体过程如图 5-16(b)所示。

表 5-5　题 1 真值表

R	S	Q^n	Q^{n+1}	说明
0	0	0	0	维持
0	0	1	1	
0	1	0	0	置0
0	1	1	0	
1	0	0	1	置1
1	0	1	1	
1	1	0	×	不允许
1	1	1	×	

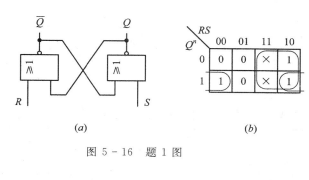

图 5-16　题 1 图

2. 触发器电路如图 5-17(a)、(b)所示，列出状态真值表，求出次态方程，画出状态迁移图。如已知 A、B、CP 端的波形如图 5-17(c)所示，画出对应 Q、$\overline{Q}$ 端的波形。

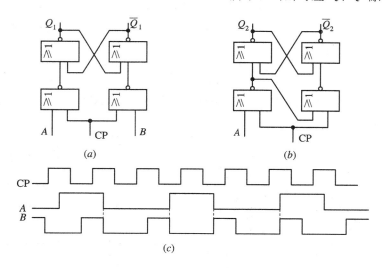

图 5-17　题 2 图之一

解　因为图中触发器是由或非门组成的，所以 CP＝0 时有效，状态由输入 A、B 确定，CP＝1 状态不变。图 5-16(a)、(b)所示电路状态真值表分别如表 5-6(a)、(b)所示。

画出对应的卡诺图，可求得其特征方程分别为

$$Q_1^{n+1} = AQ^n + \overline{B}, \quad Q_2^{n+1} = A$$

约束条件 $\qquad A+B=1$

具体过程如图 5-18(a)所示，状态图如图 5-18(b)所示。由此画出波形图如图 5-18(c)所示。($\overline{Q}_1$、Q_2 的波形，读者可自行补画。)

表 5-6　题 2 真值表

(a)

A	B	Q_1^n	Q_1^{n+1}
0	0	0	$\times$
0	0	1	$\times$
0	1	0	0
0	1	1	0
1	0	0	1
1	0	1	1
1	1	0	0
1	1	1	1

(b)

A	Q_2^n	Q_2^{n+1}
0	0	$\times$
0	1	0
1	0	1
1	1	1

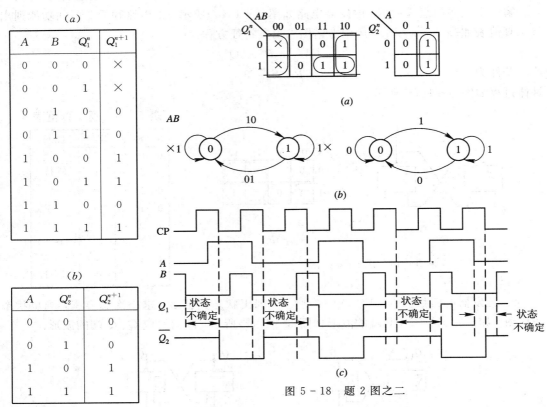

图 5-18　题 2 图之二

3. 图 5-19(a)~(h)所示均为边沿触发的 D 触发器，起始态均为"0"，已知 CP 波形，画出对应 Q 的波形。

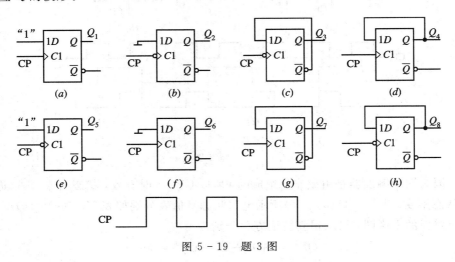

图 5-19　题 3 图

解 按 D 触发器的功能 $Q^{n+1}=D$，即在边沿处（上升沿或下降沿）次态等于此刻的输入状态，其波形图如图 5-20 所示。需区分是上升沿触发，还是下降沿触发。

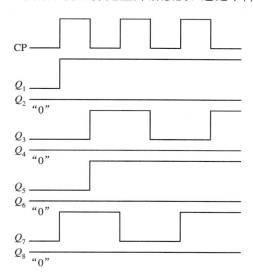

图 5-20 题 3 答案图

4. 图 5-21 所示为各种边沿 JK 触发器，起始状态为"1"，画出对应 Q 端波形。

解 JK 触发器的功能：$JK=00$，维持功能；$JK=01$，置 0 功能；$JK=10$，置 1 功能；$JK=11$，触发器必翻转，其波形图如图 5-22 所示。注意区分是上升沿还是下降沿触发。

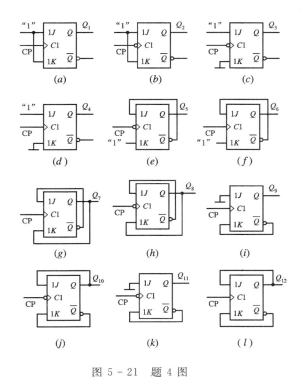

图 5-21 题 4 图

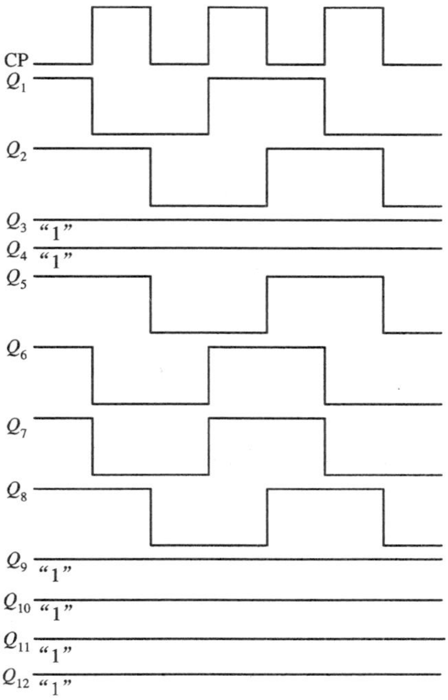

图 5-22 题 4 答案图

5. 图 5 - 23(a)～(d)所示各边沿触发器，起始状态均为"0"，已知 A、B、CP 波形，对应画出 Q 端的波形。

解 按 D 触发器和 JK 触发器功能，并区分是上升沿还是下降沿触发及 A、B 的接法，画出其波形，如图 5 - 23(e)所示。

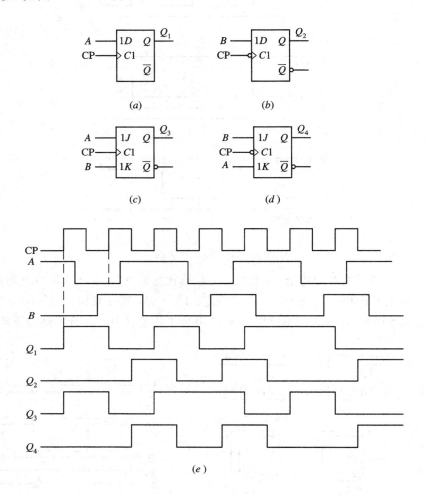

图 5 - 23 题 5 图

6. 图 5 - 24(a)、(b)所示为各种边沿触发器，CP 及 A、B、C 端的波形已知，写出次态方程 Q^{n+1} 的表达式，画出 Q 端波形(设起始态均为 0)。

解 由电路可写出各触发器次态方程：

$$Q_1^{n+1} = D_1 = \overline{A \oplus B} \, \overline{Q}_1^n = (AB + \overline{A}\overline{B})\overline{Q}_1^n$$

$$Q_2^{n+1} = J_2\overline{Q}_2^n + \overline{K}_2Q_2^n$$

$$= (\overline{B \oplus C})Q_2^n\overline{Q}_2^n + \overline{A\overline{Q}_2^n}Q_2^n$$

$$= \overline{A}Q_2^n + Q_2^n = Q_2^n$$

其波形图如图 5 - 24(c)所示。

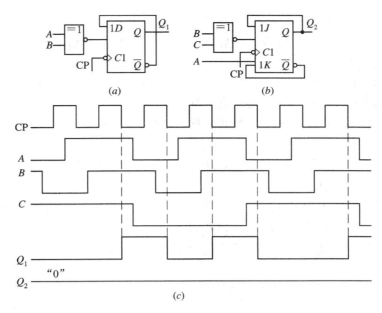

图 5-24 题 6 图

7. 图 5-25(a)、(b)所示触发器构成的电路中，A 和 B 的波形已知，对应画出 Q_1、Q_3 的波形。触发器起始状态为"0"。

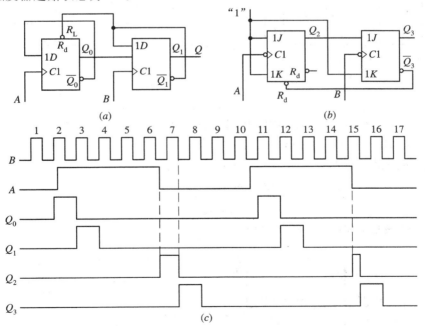

图 5-25 题 7 图

解 图(a)中，第一级 $Q_0^{n+1}=\overline{Q}_0^n$，每来一个 CP 必翻转，但它又受第二级 $\overline{Q}_1$ 控制，当其为 0 时，第一级触发器 $R_d=0$，异步复"0"。第二级 $Q_1^{n+1}=Q_0^n\overline{Q}_1^n$，具体分析如下：

第 1、2 个 B 脉冲到来时，因为 $Q_0=0$，所以 Q_1 不动作，第 1 个 A 脉冲上升沿使 Q_0 由"0"翻转为"1"，因此在第 3 个 B 脉冲上升沿时，$Q_1^{n+1}=Q_0^n\overline{Q}_1^n=1$，翻为"1"态，与此同时

$\overline{Q}_1^n=0$，使第一级触发器 $R_d=0$，故 Q_1^n 立即复"0"。第 4 个 B 脉冲上升沿时，$Q_1^{n+1}=Q_0^n\overline{Q}_1^n=0$，故 Q_1^{n+1} 又回到"0"，此状态一直维持到第二个 A 信号上升沿来时，再重复上述过程。该电路是单脉冲电路。

图(b)中，触发器每来一个 A 信号(下降沿)Q_2 必翻转一次，此时 $J_3=K_3=1$，故在第 6 个 B 脉冲下降沿时，Q_3 必翻转一次，与此同时 $\overline{Q}_3=0$，使 Q_2 复"0"，故在第 7 个 B 脉冲时 $J_3=0$，$K_3=1$，使 Q_3 又回到"0"，如此反复，与图(a)一样获得一个单脉冲电路。波形如图 5-25(c)所示。

8. 在图 5-26(a)所示电路中，F_1 是 JK 触发器，F_2 是 D 触发器，起始态均为 0，试画出在 CP 操作下 Q_1、Q_2 的波形。

解 第一个 CP 上升沿，因为 $Q_1^n=0$，所以 $Q_2^{n+1}=D_2=Q_1^n=0$，不动作；在 CP 下降沿，因为 $J_1=\overline{Q}_2=1$，$K_1=1$，所以 Q_1 由 0 翻转到 1。

第二个 CP 上升沿，因为 $Q_1^n=1$，所以 Q_2 翻转为 1；下降沿时，因为 $J_1=\overline{Q}_2=0$，$K_1=1$，所以 Q_1 又翻回为"0"。

如此反复动作，得 Q_1、Q_2 波形，如图 5-26(b)所示。

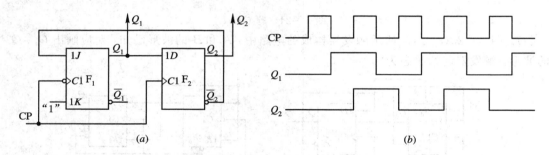

图 5-26 题 8 图

9. 在图 5-27(a)中 F_1 是 D 触发器，F_2 是 JK 触发器，CP 和 A 的波形如图 5-27(b)所示，试对应画出 Q_1、Q_2 的波形。

解 由电路得次态方程

$$Q_1^{n+1}=D_1=A$$

$$Q_2^{n+1}=Q_1^n\overline{Q}_2^n+\overline{Q}_1^nQ_2^n$$

由此得 Q_1、Q_2 波形，如图 5-27(b)所示。

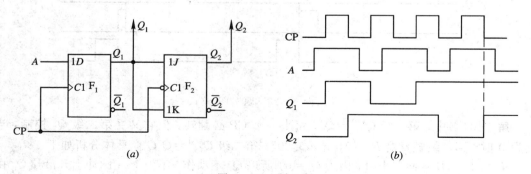

图 5-27 题 9 图

第6章

时序逻辑电路

时序逻辑电路与组合逻辑电路的区别是：当前的输出不仅与当前的输入有关，而且与电路的过去状态也有关。因此，在电路的组成上，时序电路必须含有记忆功能的部件(一般是触发器)并具有反馈支路。

与组合逻辑电路一样，时序逻辑电路也存在电路分析与电路设计。因此，本章主要讨论时序电路的分析与设计。

时序电路按时钟的设置可分为同步时序电路和异步时序电路。同步时序电路：电路中的触发器均用一个时钟脉冲，在它的统一控制下，各触发器同时翻转。同步时序电路的工作速度较快。异步时序电路：电路中存在多个时钟信号，分别控制不同的触发器，因此，各触发器不是在同一时刻翻转，时间上有先有后，故工作速度较慢。

本章的重点是集成时序逻辑部件的原理和应用，具体讲述了集成计数器、集成寄存器和集成移位寄存器的原理和应用。

通过本章的学习，要求学生：

(1) 了解时序电路的分类；

(2) 熟悉时序电路的分析和同步时序电路的设计；

(3) 掌握集成计数器的原理和组成任意进制计数器的方法；

(4) 掌握集成移位寄存器的原理及其应用；

(5) 了解序列信号产生电路的组成，掌握序列信号产生电路的分析。

6.1　本　章　小　结

时序电路的分类：

(1) 按时钟的设置，可分为同步时序电路和异步时序电路。

(2) 按输出与输入的关系，可分为米里(Mealy)型和莫尔(Moore)型两类。米里型电路的输出是输入变量和电路现态的函数；莫尔型电路的输出仅与电路的现态有关。

6.1.1　时序电路的分析

描述时序电路功能的方法有次态方程(又称状态方程)、激励方程(又称驱动方程)、输出方程、状态表(又称状态迁移表、状态真值表)、状态图(又称状态迁移图)和时序图(又称波形图)。

时序电路的分析就是已知时序电路，确定其逻辑功能。

分析同步时序电路的一般步骤为：

（1）看清电路。明确电路的输入、输出信号，确定电路的类型。

（2）写出方程。方程中包含各触发器的激励函数（即每一触发器输入控制端的函数表达式）；将激励函数代入相应触发器的特征方程即得到各触发器的次态方程式（对异步电路来说，还应写出时钟方程）；根据输出电路写出输出函数。

（3）列出状态真值表。假定一个状态，代入次态方程和输出方程，即可得出相应的次态和输出状态。逐个假定，列表表示，即得状态真值表。

（4）作出状态迁移图并确定电路是否具有自启动能力。根据状态真值表，作出状态迁移图，由于状态迁移图直观，容易分析其功能。

（5）功能描述。对电路的功能可用文字概括，也可作出时序图或波形图。

异步时序电路的分析步骤与同步时序电路的分析步骤基本一样，但异步电路分析比同步电路麻烦。因为，异步电路的翻转，不仅取决于激励关系，还要根据自身的时钟关系才能确定触发器是否翻转。

6.1.2　同步时序电路的设计

时序电路的设计是根据设计要求，得到实现该要求的时序电路。同步时序逻辑电路的一般设计步骤为：

（1）根据设计命题要求，建立原始状态图或原始状态表。用逻辑语言来表达命题是设计所依据的原始资料。建立原始状态图的过程，就是对设计要求的分析过程，只有对设计要求的逻辑功能有了清楚了解之后，才能建立起正确的原始状态图。建立原始状态图时，主要遵循确保逻辑功能的正确性。至于状态数的多少不是本步考虑的问题，将在下一步解决。

（2）状态化简。做原始状态图时遵循"宁多勿漏"的原则，肯定会包含有多余状态，使状态数增多，这样将导致：系统所需触发器级数增多；触发器的激励电路变得复杂；系统故障增多。因此，将原始状态进行化简，减少状态数就显得十分必要。

（3）状态分配。由于每一状态通常用触发器的状态表示，因此要根据化简后的状态数，确定所需要的触发器的级数，然后将每一状态用二进制数代码表示，此称为状态分配，又称为状态编码。状态分配方案不同，设计的结果不一样，电路繁简也就不同。为找出一种最佳分配方案，使得逻辑电路最简单，且电路又具有自启动能力，人们做了大量的工作，但至今尚未找到一种普遍有效的方法。

（4）确定激励方程和输出方程。根据状态分配后的状态迁移表，利用次态卡诺图求得各级触发器的次态方程，再与触发器的特征方程进行比较，即可求得各触发器的输入激励方程。输出方程直接由卡诺图得到。

（5）画出逻辑图。根据所得激励方程和输出方程即可画出逻辑图。

我们对读者的要求是掌握（4）、（5）两步，即已知同步时序电路的状态迁移关系，确定激励方程和输出方程。

6.1.3　计数器

1. 计数器的分类

（1）按进位模数分类。所谓进位模数，就是计数器所经历的独立状态总数，也可称进制数。

① 模 2 计数器：进位模数为 2^n 的计数器统称为模 2 计数器。其中 n 为触发器的级数。如计数器的计数模数为 $2^4 = 16$，可称其为十六进制计数器，也可称其为四位二进制计数器。

② 非模 2 计数器：进位模不为 2^n。用得较多的是十进制计数器。

（2）按计数脉冲输入方式分类，可分为同步计数器和异步计数器。

（3）按计数增减趋势分类，可分为：

① 递增计数器（又称加法计数器）。每来一个计数脉冲，触发器组成的状态就按二进制代码规律增加。

② 递减计数器（又称减法计数器）。每来一个计数脉冲，触发器组成的状态就按二进制代码规律减少。

③ 双向计数器（又称可逆计数器）。一般它是由递增计数器和递减计数器组合而成的。至于它是进行递增计数还是递减计数，由控制端决定。

（4）按集成度分类可分为小规模集成计数器和中规模集成计数器。小规模集成计数器即由若干集成触发器和门电路经外部连线，构成的具有计数功能的电路。中规模集成计数器一般是由 4 个集成触发器和若干个门电路经内部连接用工艺方法，集成在一块硅片上的带有计数功能的电路。它是计数功能比较完善，并能十分容易地进行功能扩展的逻辑部件。

2. 2^n 进制计数器组成规律

1）2^n 进制同步加法计数器

同步计数器的各触发器的时钟端，均接至同一个时钟源 CP，在 CP 作用下各触发器同时翻转。最低位每来一个时钟必翻转一次，其它各位在其全部低位均为"1"时，即低位向高位进位时，在时钟 CP 作用下才翻转。用 JK 触发器实现，其各级激励关系如下：

$$J_0 = K_0 = 1$$
$$J_1 = K_1 = Q_0^n$$
$$J_2 = K_2 = Q_0^n Q_1^n$$
$$J_3 = K_3 = Q_0^n Q_1^n Q_2^n = J_2 Q_2^n$$
$$J_4 = K_4 = Q_0^n Q_1^n Q_2^n Q_3^n = J_3 Q_3^n$$
$$\vdots$$
$$J_m = K_m = Q_0^n Q_1^n \cdots Q_{m-1}^n = J_{m-1} Q_{m-1}^n$$

2）2^n 进制同步减法计数器

最低位触发器每来一个时钟就翻转一次，而高位触发器只有在低位全部为 0，低位需向高位借位时，在时钟的作用下才产生翻转。用 JK 触发器实现，各级激励关系如下：

$$J_0 = K_0 = 1$$
$$J_1 = K_1 = \bar{Q}_0^n$$
$$J_2 = K_2 = \bar{Q}_0^n \bar{Q}_1^n$$
$$J_3 = K_3 = \bar{Q}_0^n \bar{Q}_1^n \bar{Q}_2^n = J_2 \bar{Q}_2^n$$
$$J_4 = K_4 = \bar{Q}_0^n \bar{Q}_1^n \bar{Q}_2^n \bar{Q}_3^n = J_3 \bar{Q}_3^n$$
$$\vdots$$

$$J_m = K_m = \overline{Q}_0^n \overline{Q}_1^n \cdots \overline{Q}_{m-1}^n = J_{m-1} \overline{Q}_{m-1}^n$$

3）2^n 进制异步加法计数器

首先，每一级触发器均组成 T' 触发器，即 $Q^{n+1} = \overline{Q}^n$，故 JK 触发器 $J = K = 1$，D 触发器 $D = \overline{Q}_0^n$。最低位触发器每来一个时钟翻转一次，低位由 $1 \to 0$ 向高位产生进位，高位翻转。因此，对下降沿触发的触发器，其高位时钟 CP 端接至邻近低位的原码输出 Q 端，即 $CP_m = Q_{m-1}$；而对上升沿触发的触发器，其高位 CP 端接至邻近低位的反码输出 $\overline{Q}$ 端，即 $CP_m = \overline{Q}_{m-1}$。

4）2^n 进制异步减法计数器

每一级触发器均组成 T' 触发器。每来一个时钟脉冲，最低位触发器翻转一次，低位由 $0 \to 1$ 时向高位产生借位，高位翻转。对下降沿触发的触发器，其高位 CP 端与邻近低位反码端 $\overline{Q}$ 相连，即 $CP_m = \overline{Q}_{m-1}$；对上升沿触发的触发器，其高位 CP 应与邻近低位的原输出端 Q 相连，即 $CP_m = Q_{m-1}$。

3. 集成计数器功能分析及其应用

集成计数器是时序逻辑的重要部件，是本章的重点内容。学习本章应主要掌握常用集成计数器的功能（即要求会阅读集成计数器的功能表）和组成任意进制计数器的方法。集成计数器的内部逻辑图不作要求，只要了解即可。

1）异步集成计数器 74LS90

74LS90 功能表如表 6-1 所示。

表 6-1　74LS90 功能表

输　　入						输　　出			
$R_{0(1)}$	$R_{0(2)}$	$S_{9(1)}$	$S_{9(2)}$	CP_1	CP_2	Q_D	Q_C	Q_B	Q_A
1	1	0	ϕ	ϕ	ϕ	0	0	0	0
1	1	ϕ	0	ϕ	ϕ	0	0	0	0
0	ϕ	1	1	ϕ	ϕ	1	0	0	1
ϕ	0	1	1	ϕ	ϕ	1	0	0	1
$\overline{R_{0(1)} R_{0(2)}} = 1$		$\overline{S_{9(1)} S_{9(2)}} = 1$		CP	0	二进制计数			
				0	CP	五进制计数			
				CP	Q_A	8421 码十进制计数			
				Q_D	CP	5421 码十进制计数			

由功能表可看出 74LS90 功能如下：

（1）该计数器是异步的二-五-十计数器。

CP 与 CP_1 相连，从 Q_A 输出，是二进制计数器；CP 与 CP_2 相连，从 $Q_D Q_C Q_B$ 输出，是五进制计数器；CP 与 CP_1 相连，其输出 Q_A 与 CP_2 相连，组成 8421BCD 十进制计数器，其高低位顺序是 $Q_D Q_C Q_B Q_A$；CP 与 CP_2 相连，其 Q_D 与 CP_1 相连，组成 5421BCD 十进制计数器，其高低位顺序是 $Q_A Q_D Q_C Q_B$。

（2）$R_{0(1)}$、$R_{0(2)}$ 是异步清"0"端。当 $R_{0(1)} = R_{0(2)} = 1$ 时，$Q_D Q_C Q_B Q_A = 0000$，由于该清"0"动作与时钟 CP 无关，因此称为异步清"0"。

（3）$S_{9(1)}$、$S_{9(2)}$ 是异步置"9"端。当 $S_{9(1)} = S_{9(2)} = 1$ 时，$Q_D Q_C Q_B Q_A = 1001$，无论是 8421BCD，还是 5421BCD，均是 9，由于该置"9"动作与时钟 CP 无关，因此称为异步置"9"。

组成其它进位制的计数器，可采用反馈归零法，即当计数至所需状态时，电路上强迫跳过若干个状态，又返回至"0"态。如果要组成其计数模大于 10 的计数器，应先扩展其功能，再采用反馈归零法组成所需进制模的计数器。如要用 74LS90 组成六十九进制计数器，则先用两片 74LS90 扩展为一百进制计数器（可以是 8421BCD 码，也可以是 5421BCD 码），再采用反馈归零法组成六十九进制的计数器。

由于是异步清"0"，因此，采用反馈归零法组成任意进制计数器时，必须考虑过渡态，这是读者必须搞清楚的，否则将出错。用 74LS90 组成 8421BCD 六进制计数器，其具体过程如下：

第一个时钟 CP，计数器由 0000→0001；第二个 CP，计数器由 0001→0010；第三个 CP，计数器由 0010→0011；第四个 CP，计数器由 0011→0100；第五个 CP，计数器由 0100→0101；第六个 CP，按六进制它应返回到 0000，但按 74LS90 的功能状态只能由 0101→0110，为保证是六进制，在电路上强迫它返回 0000，即第六个 CP 状态由 0101→0110 通过外电路返回至 0000。此处 0110 即为过渡态。如采用 5421BCD 码，其过渡态为 $Q_A Q_D Q_C Q_B = 1001$。

其电路如图 6-1 所示。

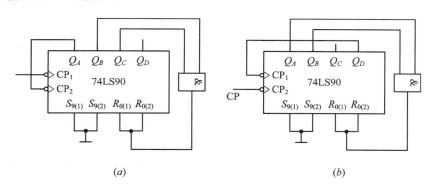

(a)　　　　　　　　　　　　　　*(b)*

图 6-1　用 74LS90 组成六进制计数器

(*a*) 采用 8421BCD 码；(*b*) 采用 5421BCD 码

2）同步式集成计数器 74LS161

74LS161 功能表如表 6-2 所示。

表 6-2　74LS161 功能表

输　　　入									输　　出			
CP	C_r	LD	P	T	A	B	C	D	Q_A	Q_B	Q_C	Q_D
×	0	×	×	×	×	×	×	×	0	0	0	0
↑	1	0	×	×	A	B	C	D	A	B	C	D
×	1	1	0	×	×	×	×	×	保持			
×	1	1	×	0	×	×	×	×	保持（$O_C = 0$）			
↑	1	1	1	1	×	×	×	×	计数			

由功能表可看出 74LS161 功能如下：

（1）该集成计数器是同步四位二进制计数器，其高低位顺序是 $Q_D Q_C Q_B Q_A$，只有当 $C_r = LD = P = T = 1$ 时，计数器才完成计数功能。

（2）$C_r=0$，$Q_D=Q_C=Q_B=Q_A=0$，这是异步清"0"。

（3）$C_r=1$，LD=0 时，在时钟 CP 的作用下，将输入端 $DCBA$ 的数送进 $Q_DQ_CQ_BQ_A$ 中，因此称 LD 端为同步预置端。

利用 C_r 端采用反馈归零法，利用 LD 端采用反馈预置法，均能组成任意进制的计数器。

采用反馈归零法时情况与 74LS90 一样，存在过渡态。

采用反馈预置法时，由于 LD 是同步预置数，因而不存在过渡态。

当组成大于四位二进制的计数模时，也应将多片 74LS161 的功能进行扩展，然后再采用反馈归零法或者是反馈预置法，组成所需进制的计数器。

3）十进制可逆集成计数器 74LS192

74LS192 是同步、可预置十进制可逆计数器，其功能表如表 6-3 所示。

十进制可逆集成器 74LS192 具有以下特点：

（1）该器件为双时钟工作方式，CP_+ 是加计数时钟输入，CP_- 是减计数时钟输入，均为上升沿触发，采用 8421BCD 码计数。

（2）C_r 为异步清"0"端，高电平有效。

（3）LD 为异步预置控制端，低电平有效，当 $C_r=0$，LD=0 时，预置输入端 D、C、B、A 的数据送至输出端，即 $Q_DQ_CQ_BQ_A=DCBA$。

（4）进位输出和借位输出是分开的。

O_C 是进位输出，加法计数时，进入 1001 状态后有负脉冲输出。

O_B 是借位输出，减法计数时，进入 0000 状态后有负脉冲输出。

4）二进制可逆集成计数器 74LS169

74LS169 是同步、可预置四位二进制可逆计数器，其功能表如表 6-4 所示。

74LS169 具有以下特点：

（1）该器件为加减控制型的可逆计数器。$U/\overline{D}=1$ 时，进行加法计数；$U/\overline{D}=0$ 时，进行减法计数。模为 16，时钟上升沿触发。

（2）LD 为同步预置控制端，低电平有效。

（3）没有清"0"端，用同步预置"0"实现清 0 功能。

（4）进位和借位输出都从同一输出端 O_C 输出，当加法计数进入 1111 后，O_C 端有负脉冲输出；当减法计数进入 0000 后，O_C 端有负脉冲输出。输出的负脉冲与时钟上升沿同步，宽度为一个时钟周期。

（5）$\overline{P}$、$\overline{T}$ 为计数允许端，低电平有效。只有当 LD=1，$\overline{P}=\overline{T}=0$ 时，在 CP 作用下计数器才能正常工作，否则保持原状态不变。

表 6-3　74LS192 功能表

CP_+	CP_-	LD	C_r	Q_D	Q_C	Q_B	Q_A
×	×	×	1	0	0	0	0
×	×	0	0	D	C	B	A
↑	1	1	0	加法计数			
1	↑	1	0	减法计数			
1	1	1	0	保　持			

表 6-4　74LS169 功能表

CP	$\overline{P}+\overline{T}$	$U/\overline{D}$	LD	Q_D	Q_C	Q_B	Q_A
×	1	×	1	保持			
↑	0	×	0	D	C	B	A
↑	0	1	1	二进制加法计数			
↑	0	0	1	二进制减法计数			

6.1.4　寄存器与移位寄存器

寄存器和移位寄存器是重要的时序逻辑部件，也是本章的重点之一。

寄存器是用以暂存二进制代码的逻辑部件，能实现对数据的清除、接收、保存和输出等功能。移位寄存器除了上述功能外还具有移位功能。

1. 寄存器

从寄存数据角度看，寄存器和锁存器的功能是一致的，其区别仅在于寄存器中用边沿触发器，而锁存器中用电平触发器。用哪一种电路寄存信息，取决于触发信号和数据之间的时间关系。若输入的有效数据稳定先于触发信号，则需采用边沿触发的触发器组成的基本寄存器；若输入的有效数据的稳定滞后于触发信号，则只能使用锁存器。

2. 移位寄存器

移位寄存器具有数码的寄存和移位两个功能。若在移位脉冲(一般就是时钟脉冲)的作用下，寄存器中的数码依次向左移动一位，则称左移；如依次向右移动一位，称为右移。移位寄存器具有单向移位功能的称为单向移位寄存器；既可左移又可右移的称为双向移位寄存器。

移位寄存器的设计比较简单，因为它的状态要受移位功能的限制。如原态为010，当它右移时，其次态只有两种可能：当移进1时，则次态为101；如移进0，则次态为001。不可能有其它的次态出现，否则就失去移位功能。

3. 集成移位寄存器74LS194

74LS194是一种典型的中规模集成移位寄存器，其功能表如表6-5所示。

表6-5　74LS194功能表

功能	输入										输出			
	C_r	S_1	S_0	CP	S_L	S_R	D_0	D_1	D_2	D_3	Q_0	Q_1	Q_2	Q_3
清除	0	ϕ	ϕ	ϕ	ϕ	ϕ	ϕ	ϕ	ϕ	ϕ	0	0	0	0
保持	1	ϕ	ϕ	0	ϕ	ϕ	ϕ	ϕ	ϕ	ϕ	保持			
送数	1	1	1	↑	ϕ	ϕ	D_0	D_1	D_2	D_3	D_0	D_1	D_2	D_3
右移	1	0	1	↑	ϕ	1	ϕ	ϕ	ϕ	ϕ	1	Q_0^n	Q_1^n	Q_2^n
	1	0	1	↑	ϕ	0	ϕ	ϕ	ϕ	ϕ	0	Q_0^n	Q_1^n	Q_2^n
左移	1	1	0	↑	1	ϕ	ϕ	ϕ	ϕ	ϕ	Q_1^n	Q_2^n	Q_3^n	1
	1	1	0	↑	0	ϕ	ϕ	ϕ	ϕ	ϕ	Q_1^n	Q_2^n	Q_3^n	0
保持	1	0	0	ϕ	ϕ	ϕ	ϕ	ϕ	ϕ	ϕ	保持			

表6-5中，Q_0、Q_1、Q_2、Q_3是4个触发器的输出端。D_0、D_1、D_2、D_3是并行数据输入端；S_R是右移串行数据输入端；S_L是左移串行数据输入端；C_r是直接清零端，低电平有效；CP是同步时钟脉冲输入端，输入脉冲的上升沿引起移位寄存器状态的转换。

S_1、S_0是工作方式选择端，其选择功能是：$S_1 S_0 = 00$ 为状态保持；$S_1 S_0 = 01$ 为右移；$S_1 S_0 = 10$ 为左移；$S_1 S_0 = 11$ 为并行送数。这些功能的实现是由逻辑图中的门电路来保证的。

移位寄存器的应用如下：

(1)可进行串行数据和并行数据的互相转换。

（2）可组成移位型计数器。其中有两种特殊移位型计数器：一种是环形计数器，其特征是，输出与输入（S_R 或 S_L）相连，其进位模等于所用移位寄存器的级数；另一种是扭环形计数器，其特征是，输出取反与输入（S_R 或 S_L）相连，其进位模等于所用移位寄存器级数的二倍。

移位型计数器的设计比较简单，只需设计输入函数（S_R 或 S_L），其它各级保持移位关系。

6.1.5　序列信号发生器

本节内容对作为通信工程专业、电子技术专业、从事自动控制的相关专业和仪器仪表专业的读者是应该要求的。

序列信号发生器可分为反馈移位型序列信号发生器和计数型序列信号发生器。

读者应了解序列信号发生器的设计过程，而对序列信号发生器的分析则应该掌握。序列信号发生电路由两部分组成：时序电路（移位寄存器、计数器）和组合电路（门电路、数据选择器、译码器）。可以说序列信号发生电路是数字电路的综合应用的例子。

6.2　典型题举例

例 1　用 n 级触发器组成计数器，其最大计数模是（　　　）。

A. n　　　　　　　B. $2n$　　　　　　　C. n^2　　　　　　　D. 2^n

答案：D

例 2　米里型时序电路的输出是（　　　）。

A. 只与输入有关　　　　　　　　　B. 只与电路当前状态有关

C. 与输入和电路当前状态均有关　　D. 与输入和电路当前状态均无关

答案：C

例 3　4 级触发器组成十进制计数器，其无效状态数为（　　　）。

A. 不能确定　　　B. 10 个　　　　　　C. 8 个　　　　　　D. 6 个

答案：D

例 4　n 级移位寄存器组成扭环形计数器，其进位模为（　　　）。

A. n　　　　　　　B. $2n$　　　　　　　C. n^2　　　　　　　D. 2^n

答案：B

例 5　四级移位寄存器，现态为 0111，经右移一位后其次态为（　　　）。

A. 0011 或 1011　　B. 1111 或 1110　　C. 1011 或 1110　　D. 0011 或 1111

答案：A

例 6　电路如图 6 - 2（a）所示，试分析其功能。

（1）写出激励方程、次态方程和输出方程；

（2）列出状态真值表，并画出状态迁移图和波形图。

解　（1）根据图 6 - 2（a）写出激励函数方程

$$D_1 = \bar{Q}_2^n \bar{Q}_1^n$$

$$D_2 = Q_1^n$$

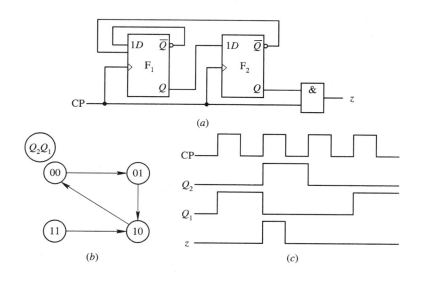

图 6 - 2　例 6 图

将其代入 D 触发器的特征方程，便得每一触发器的次态方程

$$Q_1^{n+1} = D_1 = \bar{Q}_2^n \bar{Q}_1^n$$

$$Q_2^{n+2} = D_2 = Q_1^n$$

输出方程为

$$z = Q_2^n \cdot CP$$

（2）由次态方程可列出状态真值表，具体过程如下：

假定现态 $Q_2^n Q_1^n = 00$，代入次态方程得 $Q_2^{n+1} = 0$、$Q_1^{n+1} = 1$；若 $Q_2^n Q_1^n = 01$，代入次态方程得 $Q_2^{n+1} = 1$、$Q_1^{n+1} = 0$；若 $Q_2^n Q_1^n = 10$，代入次态方程得 $Q_2^{n+1} = 0$、$Q_1^{n+1} = 0$；$Q_2^n Q_1^n = 11$，代入次态方程得 $Q_2^{n+1} = 1$、$Q_1^{n+1} = 0$。按上述内容列出表即得状态真值表，如表 6 - 6 所示。按表 6 - 6 可画出状态迁移图（见图 6 - 2(b)），设起始态为 00，可作出波形图如图 6 - 2(c)所示。

表 6 - 6　例 6 真值表

Q_2^n	Q_1^n	Q_2^{n+1}	Q_1^{n+1}	F
0	0	0	1	0
0	1	1	0	0
1	0	0	0	1
1	1	1	0	1

例 7　电路如图 6 - 3(a)所示。

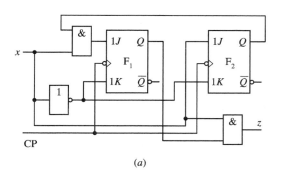

图 6 - 3　例 7 图

(1) 画出其状态迁移图；

(2) 说明电路的逻辑功能。

解 （1）写出激励函数方程、特征方程和输出方程如下：

$$J_1 = xQ_2^n, \qquad K_1 = \bar{x}$$

$$J_2 = x, \qquad K_2 = \bar{x}$$

$$Q_1^{n+1} = xQ_2^n\bar{Q}_1^n + xQ_1^n = x(Q_2^n\bar{Q}_1^n + Q_1^n) = x(Q_2^n + Q_1^n)$$

$$Q_2^{n+1} = x\bar{Q}_2^n + xQ_2^n = x$$

$$z = xQ_1^n$$

由上述方程，假定一个现态，代入特征方程和输出方程可得其状态表，如表 6-7 所示。根据此表可画出状态迁移图，如图 6-3(b)所示。

（2）由状态表或状态图可知图 6-3(a)所示电路是"111"检测电路，x 连续输入三个"1"（允许重叠）时输出为 1，否则为 0。

例 8 时序电路如图 6-4(a)所示。

（1）写出该电路的状态方程、输出方程；

（2）列出状态真值表，画出状态迁移图。

表 6-7 例 7 真值表

Q_2^n	Q_1^n	$Q_2^{n+1}Q_1^{n+1}/z$	
		x	
		0	1
0	0	00/0	10/0
0	1	00/0	11/1
1	0	00/0	11/0
1	1	00/0	11/1

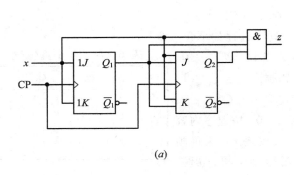

(a)

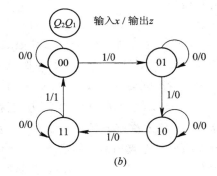

(b)

图 6-4 例 8 图

解 （1）激励方程

$$J_1 = K_1 = x$$

$$J_2 = K_2 = xQ_1^n$$

将其代入 JK 触发器的特征方程，得状态方程

$$Q_1^{n+1} = x\bar{Q}_1^n + \bar{x}Q_1^n$$

$$Q_2^{n+1} = xQ_1^n\bar{Q}_2^n + \overline{xQ_1^n}Q_2^n$$

输出方程

$$z = xQ_1^nQ_2^n$$

（2）假定一个现态，代入状态方程和输出方程，得出对应的次态和输出状态，列表表示即得其状态迁移表，如表 6-8 所示。由此画出状态迁移图，如图 6-4(b)所示。

其功能为 $x=0$ 时，电路处于维持状态；为 $x=1$ 时，电路为四进制加法计数器。

表 6-8　例 8 状态迁移表

x	Q_2^n	Q_1^n	Q_2^{n+1}	Q_1^{n+1}	z
0	0	0	0	0	0
0	0	1	0	1	0
0	1	0	1	0	0
0	1	1	1	1	0
1	0	0	0	1	0
1	0	1	1	0	0
1	1	0	1	1	0
1	1	1	0	0	1

例 9　某同步时序电路状态迁移图如图 6-5(a)所示。要求电路最简，试用 JK 触发器实现。

（1）列出状态迁移表；

（2）求出次态方程，确定激励函数，求出输出方程；

（3）画出逻辑图。

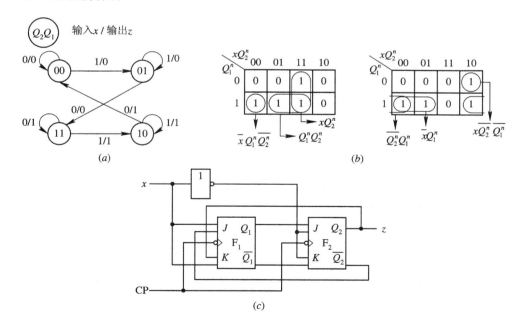

图 6-5　例 9 图

解　（1）由状态迁移图列出状态迁移表如表 6-9 所示。

（2）作出每级的次态卡诺图，由此求出次态方程 $Q^{n+1}=\alpha\overline{Q^n}+\beta Q^n$，而 JK 触发器的特征方程为 $Q^{n+1}=J\overline{Q^n}+\overline{K}Q^n$，两式相比得

$$J = \alpha, \quad \overline{K} = \beta$$

为使电路最简，应使 J、K 最简，而不是次态方程最简。因此在圈卡诺图时应使 $\alpha\overline{Q}^n$ 中的 α 最简，βQ^n 中的 β 最简。此题求 Q_2^{n+1}、Q_1^{n+1} 的卡诺图如图 $6-5(b)$ 所示，求得

表 6-9 例 9 状态迁移表

x	Q_2^n	Q_1^n	Q_2^{n+1}	Q_1^{n+1}	z
0	0	0	0	0	0
0	0	1	1	1	0
0	1	0	0	0	1
0	1	1	1	1	1
1	0	0	0	1	0
1	0	1	0	1	0
1	1	0	1	0	1
1	1	1	1	0	1

$$Q_2^{n+1} = \overline{x}Q_1^n\overline{Q}_2^n + xQ_2^n + Q_1^nQ_2^n$$
$$= \overline{x}Q_1^n\overline{Q}_2^n + \overline{\overline{x}\,\overline{Q}_1^n}\,Q_2^n$$
$$= J_2\overline{Q}_2^n + \overline{K}_2Q_2^n$$
$$Q_1^{n+1} = x\overline{Q}_2^nQ_1^n + \overline{x}Q_1^n + \overline{Q}_2^nQ_1^n$$
$$= x\overline{Q}_2^n\overline{Q}_1^n + \overline{\overline{x}\,\overline{Q}_2^n}\,Q_1^n$$
$$= J_1\overline{Q}_1^n + \overline{K}_1Q_1^n$$

则
$$J_2 = \overline{x}Q_1^n, \quad K_2 = \overline{x}\,\overline{Q}_1^n$$
$$J_1 = x\overline{Q}_2^n, \quad K_1 = xQ_2^n$$

有的读者可能会问为何不圈成
$$Q_2^{n+1} = xQ_2^n + \overline{x}Q_1^n$$
$$Q_1^{n+1} = \overline{x}Q_1^n + x\overline{Q}_2^n$$

因为由这两个次态方程无法确定 J、K 值。为了确定 J、K 值，应将方程进行如下变化：
$$Q_2^{n+1} = xQ_2^n + \overline{x}Q_1^n(Q_2^n + \overline{Q}_2^n)$$
$$= xQ_2^n + \overline{x}Q_1^nQ_2^n + \overline{x}Q_1^n\overline{Q}_2^n = \overline{x}Q_1^n\overline{Q}_2^n + (x + \overline{x}Q_1^n)Q_2^n$$
$$= \overline{x}Q_1^n\overline{Q}_2^n + (x + Q_1^n)Q_2^n = \overline{x}Q_1^n\overline{Q}_2^n + \overline{\overline{x}\,\overline{Q}_1^n}\,Q_2^n$$
$$Q_1^{n+1} = \overline{x}Q_1^n + xQ_2^n(Q_1^n + \overline{Q}_1^n)$$
$$= \overline{x}Q_1^n + x\overline{Q}_2^nQ_1^n + x\overline{Q}_2^n\overline{Q}_1^n = x\overline{Q}_2^n\overline{Q}_1^n + (\overline{x} + x\overline{Q}_2^n)Q_1^n$$
$$= x\overline{Q}_2^n\overline{Q}_1^n + (\overline{x} + \overline{Q}_2^n)Q_1^n = x\overline{Q}_2^n\overline{Q}_1^n + \overline{x\overline{Q}_2^n}\,Q_1^n$$

此过程显然十分繁琐。

输出方程
$$z = Q_2^n$$

（3）逻辑图如图 $6-5(c)$ 所示。

例 10 已知某同步时序电路的波形图如图 $6-6(a)$ 所示。

（1）列出状态迁移表；

（2）求出各触发器的激励方程。

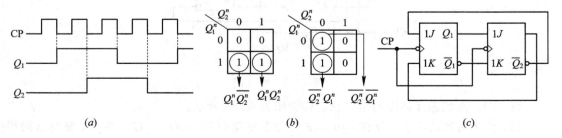

图 $6-6$ 例 10 图

解 （1）由波形图可得状态迁移表如表 6 - 10 所示。

（2）由此状态迁移表，利用卡诺图可求出激励方程，具
体过程如图 6 - 6(b)所示。

$$Q_2^{n+1} = Q_1^n\overline{Q}_2^n + Q_1^n Q_2^n$$

$$J_2 = Q_1^n, \quad K_1 = \overline{Q}_1^n$$

$$Q_1^{n+1} = \overline{Q}_2^n\overline{Q}_1^n + \overline{Q}_2^n Q_1^n$$

$$J_1 = \overline{Q}_2^n, \quad K_1 = Q_2^n$$

如需画出逻辑图，如图 6 - 6(c)所示。

例 11 已知同步时序电路的状态迁移图如图 6 - 7(a)所示。

表 6 - 10　例 10 状态迁移表

Q_2^n	Q_1^n	Q_2^{n+1}	Q_1^{n+1}
0	0	0	1
0	1	1	1
1	0	0	0
1	1	1	0

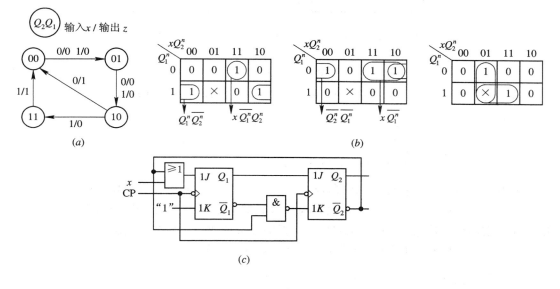

图 6 - 7　例 11 图

（1）列出状态迁移表；

（2）用 JK 触发器实现，求出每级触发器的激励方程和输出方程；

（3）画出逻辑图。

解 （1）状态迁移表如表 6 - 11 所示。

（2）作出次态卡诺图，求出各级触发器的次态方程，
从而求出激励函数。具体过程如图 6 - 7(b)所示。

$$Q_2^{n+1} = Q_1^n\overline{Q}_2^n + xQ_1^n Q_2^n = J_2\overline{Q}_2^n + \overline{K}_2 Q_2^n$$

$$J_2 = Q_1^n, \quad K_2 = \overline{x\overline{Q}_1^n}$$

$$Q_1^{n+1} = \overline{Q}_2^n\overline{Q}_1^n + x\overline{Q}_1^n = (x + \overline{Q}_2^n)\overline{Q}_1^n$$

$$= J_1\overline{Q}_1^n + \overline{K}_1 Q_1^n$$

$$J_1 = x + \overline{Q}_2^n, \quad K_1 = 1$$

输出
$$z = \overline{x}Q_2^n + Q_1^n Q_2^n$$

表 6 - 11　例 11 状态迁移表

x	Q_2^n	Q_1^n	Q_2^{n+1}	Q_1^{n+1}	z
0	0	0	0	1	0
0	0	1	1	0	0
0	1	0	0	0	1
0	1	1	×	×	×
1	0	0	0	1	0
1	0	1	1	0	0
1	1	0	1	1	0
1	1	1	0	0	1

（3）逻辑图如图 6-7(c)所示。

例 12　74LS90 电路如图 6-8(a)、(b)所示。

（1）列出状态迁移关系（状态图或状态表）；

（2）指出其功能。

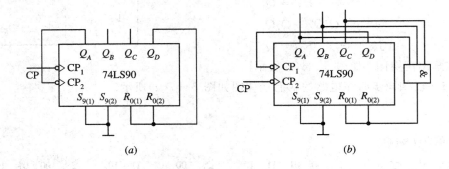

(a)　　　　　　　(b)

图 6-8　例 12 图

解　（1）图 6-8(a)是 8421BCD 码计数器，其状态迁移关系如下：

$$Q_DQ_CQ_BQ_A:\quad 0000 \rightarrow 0001 \rightarrow 0010 \rightarrow 0011$$

$$\uparrow \qquad\qquad\qquad\qquad\qquad\qquad \downarrow$$

$$(1000)\leftarrow 0111 \leftarrow 0110 \leftarrow 0101 \leftarrow 0100$$

(1000)态是过渡态，即第八个 CP 来后状态由 0111 通过 1000 态使计数器返回 0000 态，因此，1000 不是一个计数状态，它仅仅是为使计数器复零的过渡态。凡是利用异步清"0"端组成任意进制计数器的，均应考虑过渡态，否则分析计数器时会多一个态出来。

图 6-8(b)是 5421BCD 码计数器，其状态迁移关系如下：

$$Q_AQ_DQ_CQ_B:\quad 0000 \rightarrow 0001 \rightarrow 0010 \rightarrow 0011$$

$$\uparrow \qquad\qquad\qquad\qquad\qquad\qquad \downarrow$$

$$(1011)\leftarrow 1010 \leftarrow 1001 \leftarrow 1000 \leftarrow 0100$$

同样，(1011)是过渡态，故该电路为八进制 5421BCD 码计数器。需注意 5421BCD 码计数器 0100 后的状态是 1000，不是 0101。因为 74LS90 组成 5421BCD 码时是先进行五进制计数，然后五进制输出作为二进制的 CP 信号，所以五进制计数器 $Q_DQ_CQ_B$ 计至 100 时，下一态是五进制复零，而后向高位进一位。这是初学者易出错之处。

（2）由上述分析可知，图 6-8(a)是 8421BCD 八进制计数器，图 6-8(b)为 5421BCD 八进制计数器。

例 13　74LS90 电路如图 6-9 所示。

（1）列出状态迁移关系；

（2）指出其功能。

解　（1）此例与例 12 相比只有一点不同，即图 6-8 反馈接 R 端，而图 6-9 反馈接至 S 端。其状态迁移关系如表 6-12 和表 6-13 所示。

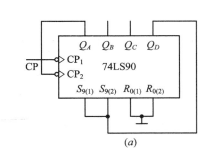 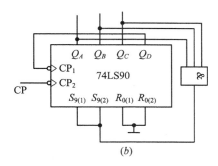

图 6 - 9　例 13 图

表 6 - 12　图 6 - 9(a)状态迁移表

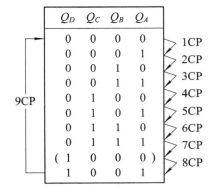

表 6 - 13　图 6 - 9(b)状态迁移表

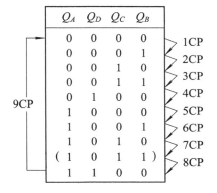

其过渡态与例 12 一样均为 1000 和 1011，但此题是通过置 9 端均置 9，然后根据自身计数规律返回至 0000，故其进位模均比例 12 大一个数。

（2）图 6 - 9(a)为 8421BCD 九进制计数器；图 6 - 9(b)为 5421BCD 九进制计数器。

例 14　74LS90 电路如图 6 - 10 所示，指出其进位模是多少。

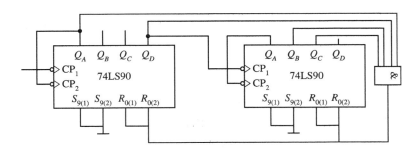

图 6 - 10　例 14 图

解　此例将两级 74LS90 扩展为一百进制计数，再采用反馈归零法组成所需计数器，考虑过渡态，该电路为 8421BCD 码的六十九进制计数器。

例 15　74LS161 电路如图 6 - 11 所示。

（1）列出状态迁移关系；

（2）指出其进位模。

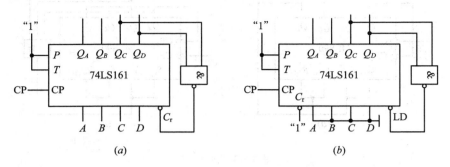

图 6 - 11　例 15 图

解　（1）图 6 - 11(a)是利用异步清"0"端 C_r，分析时应考虑过渡态，其状态迁移关系如下：

$$Q_D Q_C Q_B Q_A:　0000 \rightarrow 0001 \rightarrow 0010 \rightarrow 0011 \rightarrow 0100 \rightarrow 0101$$
$$\uparrow \qquad\qquad\qquad\qquad\qquad\qquad\qquad\qquad\qquad \downarrow$$
$$(1100) \leftarrow 1011 \leftarrow 1010 \leftarrow 1001 \leftarrow 1000 \leftarrow 0111 \leftarrow 0110$$

图 7 - 11(b)是利用同步预置端 LD，分析时不用考虑过渡态，其状态迁移关系如下：

$$Q_D Q_C Q_B Q_A:　0000 \rightarrow 0001 \rightarrow 0010 \rightarrow 0011 \rightarrow 0100 \rightarrow 0101$$
$$\uparrow \qquad\qquad\qquad\qquad\qquad\qquad\qquad\qquad\qquad \downarrow$$
$$1100 \leftarrow 1011 \leftarrow 1010 \leftarrow 1001 \leftarrow 1000 \leftarrow 0111 \leftarrow 0110$$

（2）由于前者存在过渡态，为十二进制计数器。后者不存在过渡态，故为十三进制计数器。

例 16　用 74LS161 组成十一进制计数器。

解　用 74LS161 组成任意进制计数器可以采用多种方法：反馈归零法，利用 C_r 端；反馈置位法，利用 LD 端。反馈置位法又可以利用前 11 个态、后 11 个态和中间连续 11 个态。

反馈归零法：与 74LS90 一样，应考虑过渡态，状态迁移关系如下：

$$0000 \rightarrow 0001 \rightarrow 0010 \rightarrow 0011 \rightarrow 0100 \rightarrow 0101$$
$$\uparrow \qquad\qquad\qquad\qquad\qquad\qquad\qquad \downarrow$$
$$(1011) \leftarrow 1010 \leftarrow 1001 \leftarrow 1000 \leftarrow 0111 \leftarrow 0110$$

电路如图 6 - 12(a)所示。

反馈置位法：由于利用同步预置端 LD，因此不应考虑过渡态，而且应在输入 ABCD 预置固定数。利用前 11 个态，预置数为 0000，反馈置位信号由 1010 引入。状态迁移关系如下：

$$0000 \rightarrow 0001 \rightarrow 0010 \rightarrow 0011 \rightarrow 0100 \rightarrow 0101$$
$$\uparrow \qquad\qquad\qquad\qquad\qquad\qquad \downarrow$$
$$1010 \leftarrow 1001 \leftarrow 1000 \leftarrow 0111 \leftarrow 0110$$

电路如图 6 - 12(b)所示。

利用后 11 个态，反馈置位信号直接由进位端 $O_C = Q_D Q_C Q_B Q_A \cdot T$ 引入，预置数为 $16-11=5$ 即 0101，状态迁移关系如下：

$$0101 \rightarrow 0110 \rightarrow 0111 \rightarrow 1000 \rightarrow 1001 \rightarrow 1010$$
$$\uparrow \qquad\qquad\qquad\qquad\qquad\qquad\qquad\qquad \downarrow$$
$$1111 \leftarrow 1110 \leftarrow 1101 \leftarrow 1100 \leftarrow 1011$$

其电路图如图 6-12(c)所示。

利用中间连续 11 个态，预置数确定以后，从预置数开始连续 11 个态。将第 11 个态作为反馈置位信号，如起始态（即预置数）为 0011，则状态迁移关系如下：

$$0011 \rightarrow 0100 \rightarrow 0101 \rightarrow 0110 \rightarrow 0111 \rightarrow 1000$$
$$\uparrow \qquad\qquad\qquad\qquad\qquad\qquad\qquad\qquad \downarrow$$
$$1101 \leftarrow 1100 \leftarrow 1011 \leftarrow 1010 \leftarrow 1001$$

反馈置位信号从 1101 引入，电路如图 6-12(d)所示。

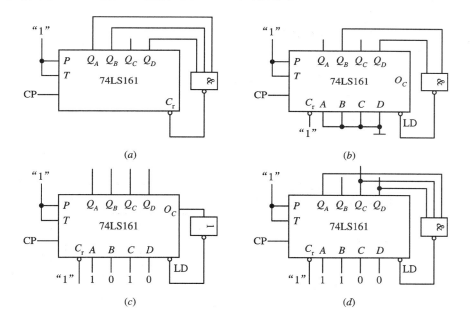

图 6-12 例 16 图

例 17 74LS161 电路如图 6-13 所示。

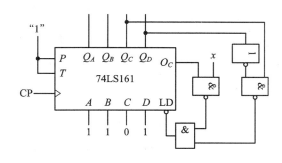

图 6-13 例 17 图

（1）列出状态迁移关系；

（2）指出其功能。

解 （1）x 为一个控制端，组成了一个可控计数器。$x=0$ 时，$LD=\overline{Q_D Q_C}$；$x=1$ 时，$LD=\overline{Q_C}\cdot\overline{Q_D Q_C}$。具体的状态迁移关系如表 6 - 14 和表 6 - 15 所示。

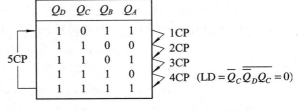

表 6 - 14 $x=0$ 时的状态迁移表

Q_D	Q_C	Q_B	Q_A	
1	0	1	1	1CP
1	1	0	0	2CP
1	1	0	1	3CP
1	1	1	0	4CP
1	1	1	1	5CP
0	0	0	0	6CP
0	0	0	1	7CP
0	0	1	0	8CP
0	0	1	1	9CP ($LD=\overline{Q_D Q_C}=0$)
0	1	0	0	

10CP

表 6 - 15 $x=1$ 时的状态迁移表

Q_D	Q_C	Q_B	Q_A	
1	0	1	1	1CP
1	1	0	0	2CP
1	1	0	1	3CP
1	1	1	0	4CP ($LD=\overline{Q_C}\,\overline{Q_D Q_C}=0$)
1	1	1	1	

5CP

（2）由此可看出，当 $x=0$ 时为十进制计数器；当 $x=1$ 时为五进制计数器。

例 18 集成移位寄存器 74LS194 电路如图 6 - 14 所示。

（1）列出其状态迁移关系；

（2）指出其功能。

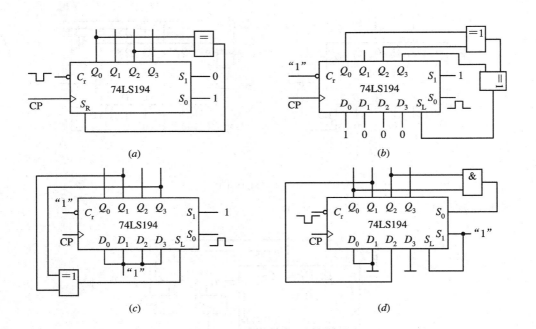

图 6 - 14 例 18 图

解 （1）图 6 - 14(a)、(b)、(c)、(d)的状态迁移关系分别如表 6 - 16(a)、(b)、(c)、(d)所示。

表 6-16　图 6-14 状态迁移关系

(a)

$S_R = \overline{Q_0 \oplus Q_2}$	Q_0	Q_1	Q_2	Q_3
1	0	0	0	0
0	1	0	0	0
1	0	1	0	0
1	1	0	1	0
0	1	1	0	1
0	0	1	1	0
0	0	0	1	1
1	0	0	0	1

(b)

Q_0	Q_1	Q_2	Q_3	$S_L = Q_0 \oplus Q_2 \oplus Q_3$
1	0	0	0	1
0	0	0	1	1
0	0	1	1	0
0	1	1	0	1
1	1	0	0	0
1	0	1	0	0
0	1	0	0	0

(c)

Q_0	Q_1	Q_2	Q_3	$S_L = Q_1 \oplus Q_3$
1	1	1	1	0
1	1	1	0	1
1	1	0	1	0
1	0	1	0	0
0	1	0	0	1
1	0	0	1	1
1	0	1	1	1
0	1	1	1	0

(d)

Q_0	Q_1	Q_2	Q_3	$S_L = 1$	$S_1 = 1$	$S_0 = Q_0 Q_2$	操作
0	0	0	0	1	1	0	左移
0	0	0	1	1	1	0	左移
0	0	1	1	1	1	0	左移
0	1	1	1	1	1	0	左移
1	1	1	1	1	1	1	预置
0	0	1	0	1	1	0	左移
0	1	0	0	1	1	0	左移
1	0	1	1	1	1	1	预置

（2）由上述状态关系可得出图 6-14(a)、(b)、(c) 均为移位型七进制计数器（或七分频电路），图 6-14(d) 是移位八进制计数器。

做这一类题时注意：

（1）移位是左移还是右移，移进来的是什么数。

（2）起始态是 0000 还是其它预置的数。其中图 6-14(a)、(d) 由于 C_r 加进一个负脉冲，故起始状态为 0000；图 6-14(b)、(c) 由于 S_0 加入正脉冲，此时 $S_1 S_0 = 11$，其功能为预置数，预置 $D_0 D_1 D_2 D_3$ 的数，即 (b) 的起始态为 1000，(c) 的起始态为 1111。

（3）图 6-14(d) 中 $S_0 = Q_0 Q_2$，说明 74LS194 的功能与状态有关。当 $S_0 = Q_0 Q_2 = 1$ 时，$S_1 S_0 = 11$，为预置功能，预置的数是 $00D_1 0$。

（4）移位寄存器不能分高低位，读者十分容易写成 $Q_3 Q_2 Q_1 Q_0$，这样做极易出错。右移就是 $Q_0 Q_1 Q_2 Q_3$ $\xrightarrow{S_R} S_R Q_0 Q_1 Q_2$；左移就是 $Q_0 Q_1 Q_2 Q_3 \xrightarrow{S_L} Q_1 Q_2 Q_3 S_L$。顺序倒过来后，左、右移关系也随之而变。

例 19　电路如图 6-15 所示。

（1）列出状态迁移关系；

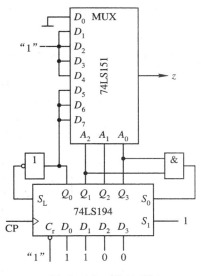

图 6-15　例 19 图

(2) 写出输出 z 端的序列。

解 这属于综合应用题型。

(1) 由于预置数是 1100，则以此为起始状态，其状态迁移关系如表 6-17 所示。

表 6-17　例 19 状态迁移关系

A_2 A_1 A_0					$S_1 = 1$	$S_0 = Q_1 Q_3$	操作	z
Q_0	Q_1	Q_2	Q_3	$S_L = \overline{Q_0}$				
1	1	0	0	0	1	0	左移	$D_4 = 1$
1	0	0	0	0	1	0	左移	$D_0 = 0$
0	0	0	0	1	1	0	左移	$D_0 = 0$
0	0	0	1	1	1	0	左移	$D_1 = 1$
0	0	1	1	1	1	0	左移	$D_3 = 1$
0	1	1	1	1	1	1	预置	$D_7 = Q_0 = 0$

(2) 经分析可得，其输出 z 的序列为 100110。

例 20　电路如图 6-16 所示。

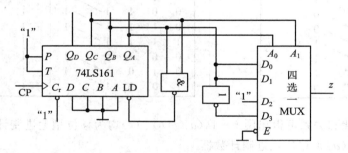

图 6-16　例 20 图

(1) 列出状态迁移关系；

(2) 写出输出 z 的序列。

解　(1) 状态迁移表如表 6-18 所示。

表 6-18　例 20 状态迁移表

A_1		A_0		z
Q_D	Q_C	Q_B	Q_A	
0	0	0	0	$D_0 = Q_B = 0$
0	0	0	1	$D_1 = Q_B = 0$
0	0	1	0	$D_0 = Q_B = 1$
0	0	1	1	$D_1 = Q_B = 1$
0	1	0	0	$D_2 = 1$
0	1	0	1	$D_3 = \overline{Q_B} = 1$
0	1	1	0	$LD = \overline{Q_B Q_C} = 0$　$D_2 = 1$

(2) 其输出 z 的序列为 0011111。

例 21　电路如图 6-17 所示。

(1) 列出状态迁移关系；

（2）写出 F_1、F_2 的最小项表达式；

（3）写出输出 F_1、F_2 的序列。

解 （1）其状态迁移关系如表 6-19 所示。

表 6-19 例 21 状态迁移关系

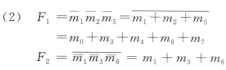

$S_R = Q_1 \oplus Q_2$	A_2 Q_0	A_1 Q_1	A_0 Q_2	Q_3
0	1	1	1	1
0	0	1	1	1
1	0	0	1	1
0	1	0	0	1
1	0	1	0	0
1	1	0	1	0
1	1	1	0	1
0	1	1	1	0

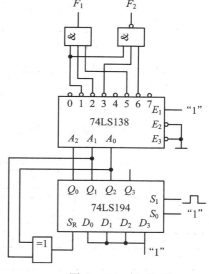

图 6-17 例 21 图

（2）
$$F_1 = \overline{m_1}\,\overline{m_2}\,\overline{m_5} = \overline{m_1 + m_2 + m_5}$$
$$= m_0 + m_3 + m_4 + m_6 + m_7$$
$$F_2 = \overline{\overline{m_1}\,\overline{m_3}\,\overline{m_6}} = m_1 + m_3 + m_6$$

（3）输出序列为
$$F_1 = 1010011, \quad F_2 = 1100010$$

6.3 练习题题解

1. 某计数器的输出波形如图 6-18 所示，试确定该计数器是模几计数器，并画出状态迁移图。

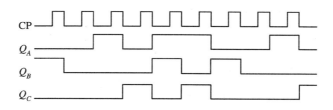

图 6-18 题 1 图

解 由波形图画出状态迁移图，Q_C 为最高位，Q_A 为最低位。

$$Q_C Q_B Q_A: \quad 010 \rightarrow 000 \rightarrow 001$$
$$\uparrow \qquad\qquad \downarrow$$
$$101 \leftarrow 011 \leftarrow 100$$

故该波形显示的计数器的计数模为六。

2. 一个计数器由四个主从 JK 触发器组成，已知各触发器的激励方程和时钟方程为

$$F_1: (\text{LSB}) \quad CP_1 = CP, \; J_1 = \overline{Q_4}, \; K_1 = 1$$

F_2: $\qquad$ $CP_2 = Q_1$, $J_2 = K_2 = 1$

F_3: $\qquad$ $CP_3 = Q_2$, $J_3 = K_3 = 1$

F_4: (MSB) $CP_4 = CP$, $J_4 = Q_1 Q_2 Q_3$, $K_4 = 1$

要求：(1) 画出该计数器逻辑电路图；

　　　(2) 该计数器是模几计数器；

　　　(3) 画出工作波形图（设电路初始态为 0000）。

解 (1) 由所给方程画出逻辑图，如图 6-19(a)所示。

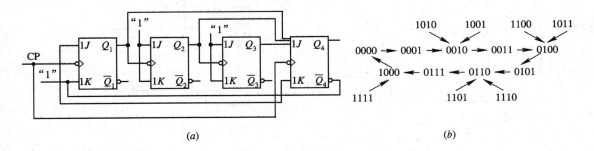

(a) $\qquad\qquad\qquad\qquad\qquad\qquad\qquad\qquad$ (b)

图 6-19 题 2 图

(2) 该电路是异步电路，对异步电路的分析，主要注意每一级触发器的时钟。对 Q_2、Q_3 而言，因为其 $J = K = 1$，每一时钟下降沿必翻转，即在 Q_1 由 1→0 时，Q_2 翻转一次；同样，Q_2 由 1→0 时，Q_3 翻转一次。为了判断电路的计数模，应先作出状态迁移表（见表 6-20）。

表 6-20　题 2 状态迁移表

Q_4^n	Q_3^n	Q_2^n	Q_1^n	Q_4^{n+1}	Q_3^{n+1}	Q_2^{n+1}	Q_1^{n+1}	CP_4	CP_3	CP_2	CP_1
0	0	0	0	0	0	0	1	↓	0	↑	↓
0	0	0	1	0	0	1	0	↓	↑	↓	↓
0	0	1	0	0	0	1	1	↓	1	↓	↓
0	0	1	1	0	1	0	0	↓	↓	↓	↓
0	1	0	0	0	1	0	1	↓	0	↑	↓
0	1	0	1	0	1	1	0	↓	↑	↓	↓
0	1	1	0	0	1	1	1	↓	1	↑	↓
0	1	1	1	1	0	0	0	↓	↓	↓	↓
1	0	0	0	0	0	0	0	↓	0	0	↓
1	0	0	1	0	0	1	0	↓	↑	↓	↓
1	0	1	0	0	0	1	0	↓	1	0	↓
1	0	1	1	0	1	0	0	↓	↓	↓	↓
1	1	0	0	0	0	0	0	↓	0	0	↓
1	1	0	1	0	0	1	0	↓	↑	↓	↓
1	1	1	0	0	0	1	0	↓	1	↑	↓
1	1	1	1	1	0	0	0	↓	↓	↓	↓

该电路为一个具有自启动能力的异步模九计数器。

(3) 由上述状态迁移表可画出状态迁移图，如图 6-19(b)所示。

3. 设计一个计数器，在 CP 脉冲作用下，三个触发器 Q_A、Q_B、Q_C 及输出 C 的波形图如图 6-20 所示（分别选用 JK 触发器和 D 触发器）。Q_C 为高位，Q_A 为低位。

解 由波形图直接得状态迁移关系。由此可看出该计数器是一个同步模六递减计数器。

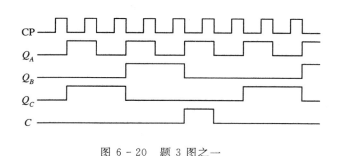

图 6-20 题 3 图之一

表 6-21 题 3 状态迁移表

Q_C^n	Q_B^n	Q_A^n	Q_C^{n+1}	Q_B^{n+1}	Q_A^{n+1}
0	0	0	1	0	1
1	0	1	1	0	0
1	0	0	0	1	1
0	1	1	0	1	0
0	1	0	0	0	1
0	0	1	0	0	0

由状态迁移表(见表 6-21)作出卡诺图，如图 6-21(a)所示，从而求得各级触发器的特征方程，再与 JK 触发器特征方程 $Q^{n+1}=J\overline{Q}^n+\overline{K}Q^n$ 相比较，即可得激励方程：

$$Q_C^{n+1}=\overline{Q}_A^n\overline{Q}_B^n\overline{Q}_C^n+Q_A^nQ_C^n, \qquad Q_B^{n+1}=\overline{Q}_A^nQ_C^n\overline{Q}_B^n+Q_A^nQ_B^n, \qquad Q_A^{n+1}=\overline{Q}_A^n$$

$$J_C=\overline{Q}_A^n\overline{Q}_B^n, \qquad\qquad J_B=\overline{Q}_A^nQ_C^n, \qquad\qquad J_A=1$$

$$K_C=\overline{Q}_A^n, \qquad\qquad K_B=\overline{Q}_A^n, \qquad\qquad K_A=1$$

$$C=\overline{Q}_C^n\overline{Q}_B^nQ_A^n$$

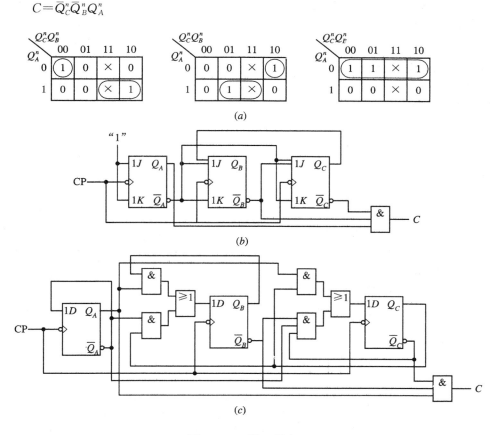

(a)

(b)

(c)

图 6-21 题 3 图之二

如选 D 触发器，则激励方程为：

$$Q_C^{n+1} = \bar{Q}_A^n \bar{Q}_B^n \bar{Q}_C^n + Q_A^n Q_C^n, \quad Q_B^{n+1} = Q_A^n Q_B^n + \bar{Q}_A^n Q_C^n, \quad Q_A^{n+1} = \bar{Q}_A^n$$

$$D_C = \bar{Q}_A^n \bar{Q}_B^n \bar{Q}_C^n + Q_A^n Q_C^n, \qquad D_B = Q_A^n Q_B^n + \bar{Q}_A^n Q_C^n, \qquad D_A = \bar{Q}_A^n$$

$$C = \bar{Q}_C^n \bar{Q}_B^n Q_A^n$$

由激励方程画出逻辑图，如图 6-21(b) 所示。

D 触发器电路图如图 6-21(c) 所示。

最后还应检验自启动能力：

$$110 \to 011, \quad 111 \to 110$$

显然该电路具有自启动能力。

4. 已知某计数器电路如图 6-22(a) 所示。试分析该计数器性质，并画出工作波形。设电路初始状态为 0。

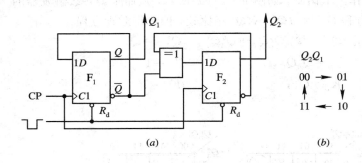

图 6-22 题 4 图

解 写出方程。

激励方程：

$$D_1 = \bar{Q}_1^n$$

$$D_2 = \bar{Q}_1^n \oplus \bar{Q}_2^n$$

特征方程：

$$Q_1^{n+1} = \bar{Q}_1^n$$

$$Q_2^{n+1} = \bar{Q}_1^n \oplus \bar{Q}_2^n$$

表 6-22 题 4 状态真值表

Q_2^n	Q_1^n	Q_2^{n+1}	Q_1^{n+1}
0	0	0	1
0	1	1	0
1	0	1	1
1	1	0	0

列状态真值表(见表 6-22)。

画出状态迁移图，如图 6-22(b) 所示。

由图可看出该电路为同步四进制加法计数器。波形如图 6-22(c) 所示。

5. 分析图 6-23(a) 所示电路的计数器，判断它是几进制计数器，有无自启动能力。

解 写出方程。

激励方程：

$$J_1 = \overline{Q_2^n Q_3^n}, \quad K_1 = 1;$$

$$J_2 = Q_1^n, \qquad K_2 = \overline{\bar{Q}_1^n \bar{Q}_3^n}$$

$$J_3 = Q_1^n Q_2^n, \quad K_3 = 1$$

特征方程：
$$Q_1^{n+1} = \overline{Q_2^n Q_3^n} \, \overline{Q_1^n}, \quad Q_2^{n+1} = Q_1^n \overline{Q_2^n} + \overline{Q_1^n} \, \overline{Q_3^n} Q_2^n, \quad Q_3^{n+1} = Q_1^n Q_2^n \overline{Q_3^n} + \overline{Q_2^n} Q_3^n$$

列状态迁移表（见表 6 - 23）。

画出状态迁移图如图 6 - 23(b)所示。

由图可看出，该电路为同步具有自启动能力的模七计数器。

表 6 - 23   题 5 状态迁移表

Q_3^n	Q_2^n	Q_1^n	Q_3^{n+1}	Q_2^{n+1}	Q_1^{n+1}
0	0	0	0	0	1
0	0	1	0	1	0
0	1	0	0	1	1
0	1	1	1	0	0
1	0	0	1	0	1
1	0	1	1	1	0
1	1	0	0	0	0
1	1	1	0	0	0

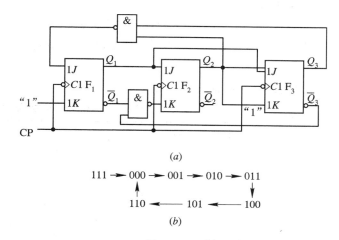

(a)

111 → 000 → 001 → 010 → 011

110 ← 101 ← 100

(b)

图 6 - 23   题 5 图

6. 分析图 6 - 24(a)、(b)所示电路，写出方程，列出状态迁移表，判断它是几进制计数器，有无自启动能力。

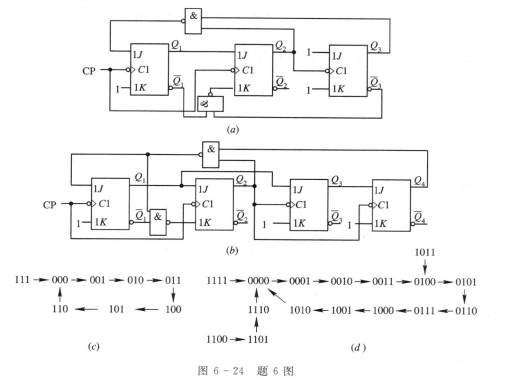

(a)

(b)

111 → 000 → 001 → 010 → 011

110 ← 101 ← 100

(c)

1111 → 0000 → 0001 → 0010 → 0011 → 0100 → 0101

1011

1110   1010 ← 1001 ← 1000 ← 0111 ← 0110

1100 → 1101

(d)

图 6 - 24   题 6 图

解 该题的电路均为异步计数器，分析时应注意时钟方程。

图(a)的激励方程：

$$J_1 = \overline{Q_2^n Q_3^n}, \qquad K_1 = 1$$
$$J_2 = Q_1^n, \qquad K_2 = \overline{\overline{Q}_1^n \overline{Q}_3^n}$$
$$J_3 = K_3 = 1$$

特征方程：

$$Q_1^{n+1} = \overline{Q_2^n Q_3^n} \overline{Q}_1^n, \qquad CP_1 = CP$$
$$Q_2^{n+1} = Q_1^n \overline{Q}_2^n + \overline{Q}_1^n \overline{Q}_3^n Q_2^n, \qquad CP_2 = CP$$
$$Q_3^{n+1} = \overline{Q}_3^n, \qquad CP_3 = Q_2$$

列出状态真值表（见表 6 - 24）。

表 6 - 24　题 6 状态真值表一

Q_3^n	Q_2^n	Q_1^n	Q_3^{n+1}	Q_2^{n+1}	Q_1^{n+1}	CP_3	CP_2	CP_1
0	0	0	0	0	1	0	↓	↓
0	0	1	0	1	0	↑	↓	↓
0	1	0	0	1	1	1	↓	↓
0	1	1	1	0	0	↓	↓	↓
1	0	0	1	0	1	0	↓	↓
1	0	1	1	1	0	↑	↓	↓
1	1	0	0	0	0	↓	↓	↓
1	1	1	0	0	0	↓	↓	↓

画出状态迁移图，如图 6 - 24(c)所示。

该电路是异步模七递增计数器，具有自启动能力。

图(b)的激励方程：

$$J_1 = \overline{Q_2^n Q_4^n}, \qquad K_1 = 1$$
$$J_2 = Q_1^n, \qquad K_2 = \overline{\overline{Q_2^n Q_4^n} \overline{Q}_1^n}$$
$$J_3 = Q_1^n, \qquad K_3 = 1$$
$$J_4 = Q_3^n, \qquad K_4 = 1$$

特征方程：

$$Q_1^{n+1} = \overline{Q_2^n Q_4^n} \overline{Q}_1^n, \qquad CP_1 = CP$$
$$Q_2^{n+1} = Q_1^n \overline{Q}_2^n + \overline{\overline{Q_2^n Q_4^n} \overline{Q}_1^n} Q_2^n$$
$$\qquad = Q_1^n \overline{Q}_2^n + \overline{Q}_4^n \overline{Q}_1^n Q_2^n \qquad CP_2 = CP$$
$$Q_3^{n+1} = Q_1^n \overline{Q}_3^n, \qquad CP_3 = Q_2$$
$$Q_4^{n+1} = Q_3^n \overline{Q}_4^n, \qquad CP_4 = Q_2$$

列出状态真值表（见表 6 - 25）。

画出状态迁移图，如图 6 - 24(d)所示。

该电路为异步模十一递增计数器，具有自启动能力。

表 6-25　题 6 状态真值表二

Q_4^n	Q_3^n	Q_2^n	Q_1^n	Q_4^{n+1}	Q_3^{n+1}	Q_2^{n+1}	Q_1^{n+1}	CP_4	CP_3	CP_2	CP_1
0	0	0	0	0	0	0	1	0	0	↓	↓
0	0	0	1	0	0	1	0	↑	↑	↓	↓
0	0	1	0	0	0	1	1	1	1	↓	↓
0	0	1	1	0	1	0	0	↓	↓	↓	↓
0	1	0	0	0	1	0	1	0	0	↓	↓
0	1	0	1	0	1	1	0	↑	↑	↓	↓
0	1	1	0	0	1	1	1	1	1	↓	↓
0	1	1	1	1	0	0	0	↓	↓	↓	↓
1	0	0	0	1	0	0	1	0	0	↓	↓
1	0	0	1	1	0	1	0	↑	↑	↓	↓
1	0	1	0	0	0	0	0	↓	↓	↓	↓
1	0	1	1	0	0	0	0	↓	↓	↓	↓
1	1	0	0	1	1	0	1	0	0	↓	↓
1	1	0	1	1	1	1	0	↑	↑	↓	↓
1	1	1	0	0	0	0	0	↓	↓	↓	↓
1	1	1	1	0	0	0	0	↓	↓	↓	↓

7. 用 JK 触发器设计同步九进制递增计数器。

解　列出状态迁移关系，如下所示：

$$0000 \rightarrow 0001 \rightarrow 0010 \rightarrow 0011 \rightarrow 0100$$
$$1000 \leftarrow 0111 \leftarrow 0110 \leftarrow 0101$$

状态真值表如表 6-26 所示。

表 6-26　题 7 状态真值表

Q_4^n	Q_3^n	Q_2^n	Q_1^n	Q_4^{n+1}	Q_3^{n+1}	Q_2^{n+1}	Q_1^{n+1}
0	0	0	0	0	0	0	1
0	0	0	1	0	0	1	0
0	0	1	0	0	0	1	1
0	0	1	1	0	1	0	0
0	1	0	0	0	1	0	1
0	1	0	1	0	1	1	0
0	1	1	0	0	1	1	1
0	1	1	1	1	0	0	0
1	0	0	0	0	0	0	0

求出每一级触发器的激励方程，没用的状态作为无关项处理，其过程如图 6-25(a)所示。

$$Q_4^{n+1} = Q_3^n Q_2^n Q_1^n \bar{Q}_4^n, \qquad Q_3^{n+1} = Q_2^n Q_1^n \bar{Q}_3^n + (\bar{Q}_2^n + \bar{Q}_1^n)Q_3^n$$
$$J_4 = Q_3^n Q_2^n Q_1^n, \qquad J_3 = Q_2^n Q_1^n$$
$$K_4 = 1, \qquad K_3 = Q_2^n Q_1^n$$

— 129 —

$$Q_2^{n+1} = Q_1^n \overline{Q}_2^n + \overline{Q}_1^n Q_2^n, \quad Q_1^{n+1} = \overline{Q}_4^n \overline{Q}_1^n$$
$$J_2 = Q_1^n, \qquad\qquad J_1 = \overline{Q}_4^n$$
$$K_2 = Q_1^n, \qquad\qquad K_1 = 1$$

画出逻辑电路图，如图 6-25(b) 所示。

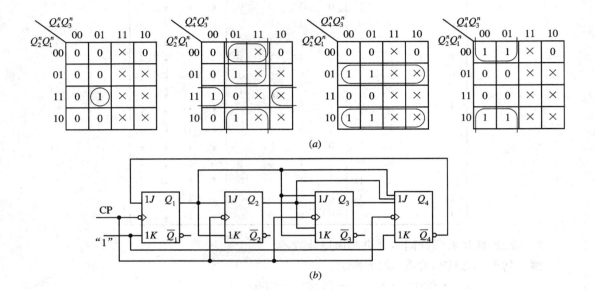

(a)

(b)

图 6-25　题 7 图

检验自启动能力，如表 6-27 所示，该电路具有自启动能力。

表 6-27　检验自启动能力

Q_4^n	Q_3^n	Q_2^n	Q_1^n	Q_4^{n+1}	Q_3^{n+1}	Q_2^{n+1}	Q_1^{n+1}
1	0	0	1	0	0	1	0
1	0	1	0	0	0	1	0
1	0	1	1	0	1	0	0
1	1	0	0	0	1	0	0
1	1	0	1	0	1	1	0
1	1	1	0	0	1	1	0
1	1	1	1	0	0	0	0

8. 用 JK 触发器设计同步五进制递减计数器。

解　列出状态迁移关系，如下所示：

$$000 \rightarrow 100 \rightarrow 011$$
$$001 \leftarrow 010$$

状态真值表如表 6-28 所示。

利用卡诺图求出每一级的次态方程，从而求出激励方程。没有用的状态作为无关项处理。具体过程如图 6-26(a) 所示。

$$Q_3^{n+1} = \overline{Q}_1^n \overline{Q}_2^n \overline{Q}_3^n = J_3 \overline{Q}_3^n + \overline{K}_3 Q_3^n$$
$$J_3 = \overline{Q}_1^n \overline{Q}_2^n, \quad K_3 = 1$$
$$Q_2^{n+1} = Q_3^n \overline{Q}_2^n + Q_1^n Q_2^n = J_2 \overline{Q}_2^n + \overline{K}_2 Q_2^n$$
$$J_2 = Q_3^n, \quad K_2 = \overline{Q}_1^n$$
$$Q_1^{n+1} = (Q_2^n + Q_3^n)\overline{Q}_1^n = J_1 \overline{Q}_1^n + \overline{K}_1 Q_1^n$$
$$J_1 = Q_2^n + Q_3^n, \quad K_1 = 1$$

依据上述激励方程，可画出逻辑图，如图 6-26(b) 所示。

表 6-28 题 8 状态真值表

Q_3^n	Q_2^n	Q_1^n	Q_3^{n+1}	Q_2^{n+1}	Q_1^{n+1}
0	0	0	1	0	0
0	0	1	0	0	0
0	1	0	0	0	1
0	1	1	0	1	0
1	0	0	0	1	1
1	0	1	$\times$	$\times$	$\times$
1	1	0	$\times$	$\times$	$\times$
1	1	1	$\times$	$\times$	$\times$

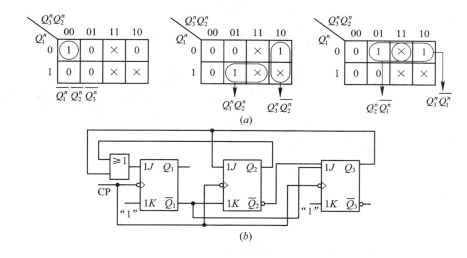

图 6-26 题 8 图

检验其自启动能力，将没用的状态代入所求得的次态方程中，求得相应的次态为

$$101 \longrightarrow 010$$
$$110 \longrightarrow 001$$
$$111 \longrightarrow 010$$

由于次态均是计数序列的状态，无另一循环，因而该电路具有自启动能力。

9. 某同步时序电路状态迁移图如图 6-27(a)所示。

（1）列出状态迁移表；

（2）用 JK 触发器实现，确定每级触发器的状态方程和激励函数，输出函数；

（3）画出逻辑图。

解 （1）将状态迁移图转换为状态迁移表，如表 6-29 所示。

（2）作出相应的卡诺图（见图 6-27(b)），可求出各级的激励函数和输出函数。

表 6-29 题 9 状态迁移表

x	Q_1^n	Q_0^n	Q_1^{n+1}	Q_0^{n+1}	z
0	0	0	0	0	0
0	0	1	0	1	0
0	1	0	1	0	0
0	1	1	$\times$	$\times$	$\times$
1	0	0	1	0	1
1	0	1	0	0	0
1	1	0	0	1	0
1	1	1	$\times$	$\times$	$\times$

$$Q_1^{n+1} = x\overline{Q}_0^n\overline{Q}_1^n + \overline{x}Q_1^n = J_1\overline{Q}_1^n + \overline{K}_1Q_1^n$$

$$J_1 = x\overline{Q}_0^n, \quad K_1 = x$$

$$Q_0^{n+1} = xQ_1^n\overline{Q}_0^n + \overline{x}Q_0^n = J_0\overline{Q}_0^n + \overline{K}_0Q_0^n$$

$$J_0 = xQ_1^n, \quad K_0 = x$$

$$z = x\overline{Q}_1^n\overline{Q}_0^n$$

（3）逻辑图如图 6-27(c)所示。

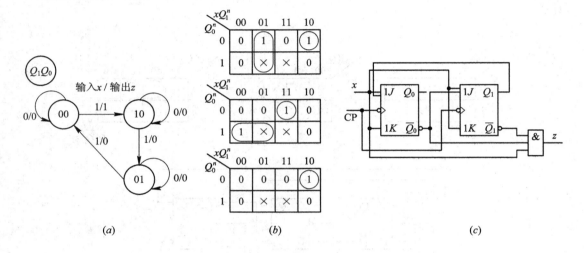

(a) (b) (c)

图 6-27 题 9 图

10. 用 74LS90 组成 8421BCD 七进制计数器。

解 其状态迁移表如表 6-30 所示，反馈归零信号从过渡态 0111 引出。其逻辑图如图 6-28 所示。

表 6-30 题 10 状态迁移表

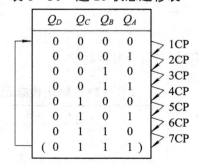

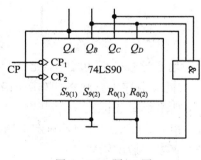

图 6-28 题 10 图

11. 用 74LS90 组成 5421BCD 八进制计数器。

解 其状态迁移关系如表 6-31 所示，反馈归零信号从过渡态 1011 引出。其逻辑图如图 6-29 所示。

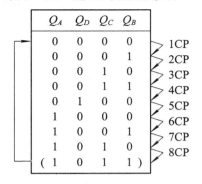

表 6-31　题 11 状态迁移表

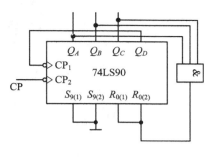

图 6-29　题 11 图

12. 用 74LS90 组成 8421BCD 七十三进制计数器。

解　因为七十三进制计数器的状态数多，所以不可能与前两题一样，列出状态迁移表确定反馈归零信号。从以上分析可知反馈归零信号引至过渡态，而过渡态为进位制数或等于进位制最大数码加 1。七十三进制的最大数码为 72，考虑到过渡状态，反馈归零信号引至 73，高位计至 7，低位计至 3，电路强迫归零。先将两片 74LS90 扩展为一百进制计数器，再采用反馈归零法组成七十三进制计数器。逻辑图如图 6-30 所示。

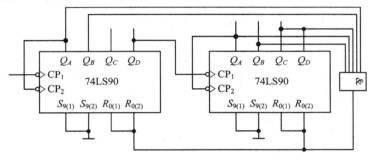

图 6-30　题 12 图

13. 用 74LS161 组成十一进制计数器。

解　此题解法同例 16。

14. 用 74LS161 组成起始状态为 0100 的十一进制计数器。

解　由于起始状态不为 0，所以只能利用同步预置端 LD，采用反馈预置法组成十一进制计数器。其状态关系是从 0100 起计 11 个态，再返回至 0100，如表 6-32 所示，其逻辑电路如图 6-31 所示。注意由于 LD 是同步预置端，故不存在过渡态。

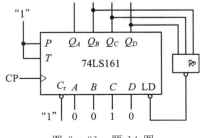

图 6-31　题 14 图

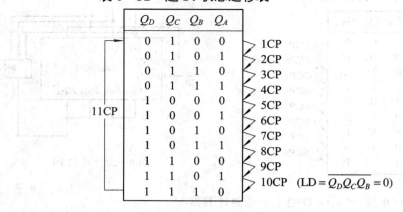

表 6 – 32　题 14 状态迁移表

Q_D	Q_C	Q_B	Q_A	
0	1	0	0	1CP
0	1	0	1	2CP
0	1	1	0	3CP
0	1	1	1	4CP
1	0	0	0	5CP
1	0	0	1	6CP
1	0	1	0	7CP
1	0	1	1	8CP
1	1	0	0	9CP
1	1	0	1	10CP　$(LD = \overline{Q_D Q_C Q_B} = 0)$
1	1	1	0	

15. 用 74LS161 组成起始状态为全 0 的五十八进制计数器。

解　一片 74LS161 能实现的最大进制为 $2^4 = 16$，因此首先应将两片 74LS161 扩展为 $2^8 = 256$ 进制计数器，然后再采用反馈预置法实现五十八进制计数器。反馈信号的确定过程如下：

五十八进制的最大数码为 57，由于 74LS161 是二进制计数器，应将 57 转变为二进制数 111001，低位 $Q_D Q_C Q_B Q_A = 1001$，高位 $Q_D' Q_C' Q_B' Q_A' = 0011$，即 $LD = \overline{Q_B' Q_A' Q_D Q_A}$。电路图如图 6 – 32 所示。

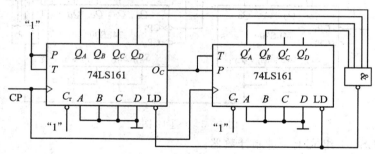

图 6 – 32　题 15 图

16. 用 74LS161 组成的电路如图 6 – 33(a) 所示，列出状态迁移关系，画出状态迁移图及工作波形图，指出进位模。

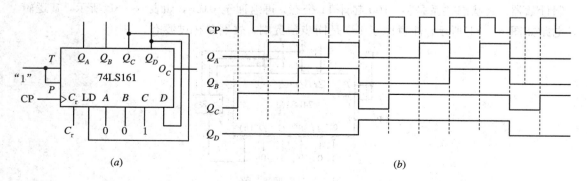

(a)　　　　　　　　　　　　　　　　(b)

图 6 – 33　题 16 图

解　其状态迁移关系如表 6-33 所示。

表 6-33　题 16 状态迁移关系

Q_D	Q_C	Q_B	Q_A	LD	操作	
0	0	0	0	0	预置数	$DCBA = Q_D 100 = 0100$
0	1	0	0	1	计数	
0	1	0	1	1	计数	
0	1	1	0	1	计数	
0	1	1	1	1	计数	
1	0	0	0	0	预置数	$DCBA = Q_D 100 = 1100$
1	1	0	0	1	计数	
1	1	0	1	1	计数	
1	1	1	0	1	计数	
1	1	1	1	1	计数	

表 6-33 也可视为状态迁移图，波形图如图 6-33(b)所示。由此可看出该计数器为十进制计数器。

17. 用 74LS194 构成四位扭环形计数器。

解　可采用右移，$S_R = \bar{Q}_3$，$S_1 = 0$，$S_0 = 1$；也可采用左移，$S_L = \bar{Q}_0$，$S_1 = 1$，$S_0 = 0$。电路如图 6-34(a)、(b)所示，其进位模均为 8。

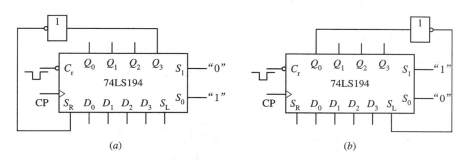

图 6-34　题 17 图
(a) 右移；(b) 左移

18. 用 74LS194 构成六分频、七分频电路。

解　可采用右移或者左移组成六分频、七分频电路。我们用右移实现六分频电路，用三级扭环形计数即可(左移实现读者自己组成)；左移实现七分频电路(右移的实现过程请读者自己完成)。

六分频：$S_R = \bar{Q}_2$，$S_1 = 0$，$S_0 = 1$，逻辑电路如图 6-35(a)所示。

七分频：$S_L = \overline{Q_0 Q_1}$，$S_1 = 1$，$S_0 = 0$，逻辑电路如图 6-35(b)所示。

也可利用移位寄存器的全状态图(教材第 164 页图 6-53)，分别找出六个状态和七个状态一循环，只需对 S_R 进行设计即可，因为其它各级必须满足右移关系，其状态与 S_R 的关系如表 6-34 和表 6-35 所示。作出对应的卡诺图可求得六分频 $S_R = \bar{Q}_2$，这与采用扭环形计数器的结论相同，七分频电路 $S_R = \bar{Q}_1 \bar{Q}_2 + Q_1 Q_2 = \overline{Q_1 \oplus Q_2}$。电路如图 6-36 所示。注意因起始态不是 0000 而用 1000，故启动信号不是清 0，而是预置($S_1 S_0 = 11$)。

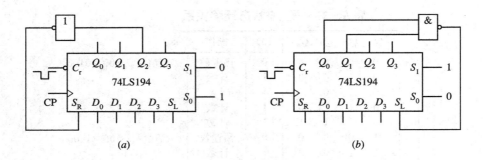

(a)　　　　　　　　　　　　　　(b)

图 6 - 35　题 18 图之一

（a）右移实现六分频；（b）左移实现七分频

**表 6 - 34　六分频电路状态
与 S_R 的关系**

S_R	Q_0	Q_1	Q_2	Q_3
1	1	0	0	0
1	1	1	0	0
0	1	1	1	0
0	0	1	1	1
0	0	0	1	1
1	0	0	0	1

**表 6 - 35　七分频电路状态
与 S_R 的关系**

S_R	Q_0	Q_1	Q_2	Q_3
1	1	0	0	0
0	1	1	0	0
1	1	0	1	1
0	1	0	1	1
0	0	1	0	1
0	0	0	1	0
1	0	0	0	1

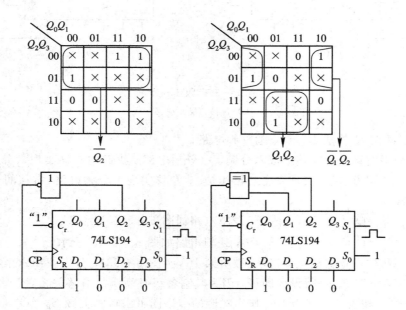

图 6 - 36　题 18 图之二

19. 74LS194 电路如图 6－37 所示。要求：

（1）列出状态迁移关系；

（2）指出其分频系数为多少。

解 （1）状态迁移表如表 6－36 所示。

表 6－36 题 19 状态迁移表

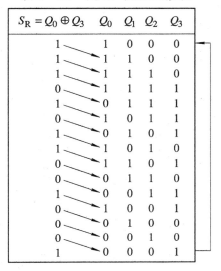

$S_R = Q_0 \oplus Q_3$	Q_0	Q_1	Q_2	Q_3
1	1	0	0	0
1	1	1	0	0
1	1	1	1	0
0	1	1	1	1
1	0	1	1	1
0	1	0	1	1
1	0	1	0	1
1	1	0	1	0
0	1	1	0	1
1	0	1	1	0
1	1	0	0	1
0	1	0	0	0
0	0	1	0	0
0	0	0	1	0
1	0	0	0	1

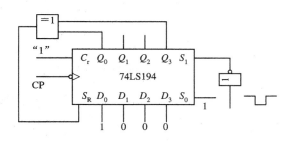

图 6－37 题 19 图

（2）由状态迁移关系可看出，该电路为 15 分频电路，除 0000 状态外，其它状态均出现过。

20. 74LS194 与数据选择电路如图 6－38 所示。要求：

（1）列出状态迁移表；

（2）指出输出 z 的序列。

解 （1）状态迁移关系如表 6－37 所示。

表 6－37 题 20 状态迁移表

Q_1	Q_2	Q_3	$S_L = F$	$z = Q_1$
0	0	0	$D_0 = \overline{Q_1} = 1$	0
0	0	1	$D_1 = \overline{Q_1} = 1$	0
0	1	1	$D_3 = \overline{Q_1} = 1$	0
1	1	1	$D_3 = \overline{Q_1} = 0$	1
1	1	0	$D_2 = Q_1 = 1$	1
1	0	1	$D_1 = \overline{Q_1} = 0$	1
0	1	0	$D_2 = Q_1 = 0$	0
1	0	0	$D_0 = \overline{Q_1} = 0$	1

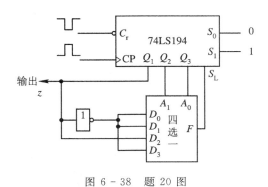

图 6－38 题 20 图

（2）输出序列 $z = Q_1 = 00011101$。

21. 如图 6－39 电路所示，设 74LS194 的输出初态 $Q_0 Q_1 Q_2 Q_3 = 1111$，试列出在时钟 CP 作用下，S_1 和 $Q_0 Q_1 Q_2 Q_3$ 的状态迁移表。

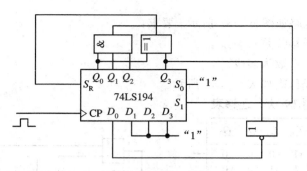

图 6-39   题 21 图

解   状态迁移表如表 6-38 所示。

表 6-38   题 21 状态迁移表

$S_R = Q_0 \oplus Q_3$	Q_0	Q_1	Q_2	Q_3	$S_1 = Q_0 Q_1 Q_2$	$S_0 = 1$	操作	
0	1	1	1	1	1	1	预置	$D_0 D_1 D_2 D_3 = \overline{Q}_3 111$
1	0	1	1	1	0	1	右移	
0	1	0	1	1	0	1	右移	
1	0	1	0	1	0	1	右移	
1	1	0	1	0	0	1	右移	
0	1	1	0	1	0	1	右移	
0	0	1	1	0	0	1	右移	
0	0	0	1	1	0	1	右移	
1	1	0	0	1	0	1	右移	
0	0	1	0	0	0	1	右移	
0	0	0	1	0	0	1	右移	
0	0	0	0	1	0	1	右移	
1	0	0	0	1	0	1	右移	
1	1	0	0	0	0	1	右移	
1	1	1	0	0	0	1	右移	
1	1	1	1	0	1	1	预置	

该电路为 15 分频电路，0000 自成循环，故无自启动能力。

22. 请用 74LS194 和四选一数据选择器设计一个 01101001 序列信号产生电路。

解   首先用 74LS194 设计一个移位型八进制计数器，采用扭环形计数器，电路如图 6-40 所示。其状态迁移表和输出序列 F 的关系如表 6-39 所示。作出其卡诺图，选 $Q_0 Q_2$ 为地址 $A_1 A_0$，确定对应 D_i 值，如图 6-41 所示。其序列信号产生电路如图 6-42 所示。

表 6-39   题 22 状态迁移关系

$S_R = \overline{Q}_3$	Q_0	Q_1	Q_2	Q_3	F
1	0	0	0	0	0
1	1	0	0	0	1
1	1	1	0	0	1
1	1	1	1	0	0
0	1	1	1	1	1
0	0	1	1	1	0
0	0	0	1	1	0
0	0	0	0	1	1

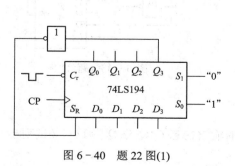

图 6-40   题 22 图(1)

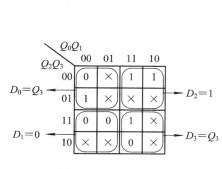

图 6 - 41　题 22 图(2)

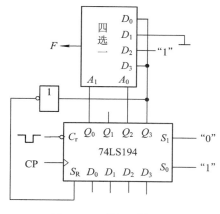

图 6 - 42　题 22 图(3)

23. 请用 74LS138 和 74LS194 设计一个同时产生 $F_1=101101$，$F_2=001110$ 的序列信号产生电路。

解　序列长度均为 6，首先用 74LS194 组成扭环形计数器。选用 $Q_0Q_1Q_2$，其状态迁移如表 6 - 40 所示。

选 $Q_0Q_1Q_2=A_2A_1A_0$，F_1、F_2 函数表达式为

$$F_1 = m_0 + m_3 + m_4 + m_7 = \overline{\overline{m_0}\,\overline{m_3}\,\overline{m_4}\,\overline{m_7}}$$

$$F_2 = m_1 + m_3 + m_7 = \overline{\overline{m_1}\,\overline{m_3}\,\overline{m_7}}$$

其序列信号产生电路如图 6 - 43 所示。

表 6 - 40　题 23 状态迁移关系

$S_R=\overline{Q_2}$	Q_0	Q_1	Q_2	Q_3	F_1	F_2
1	0	0	0	0		
1	1	0	0	0	1	0
1	1	1	0	0	0	0
0	1	1	1	0	1	1
0	0	1	1	1	1	1
0	0	0	1	1	0	1
1	0	0	0	1	1	0
	1	0	0	0		

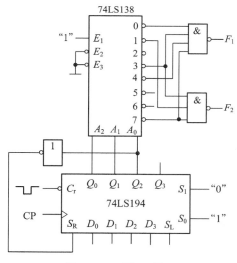

图 6 - 43　题 23 图

24. 请用 74LS161 和四选一数据选择器设计一个 01001100101 序列信号产生电路。

解　序列信号长度为 11，故首先用 74LS161 组成十一进制计数器。其状态迁移关系如表 6 - 41 所示。

由表 6 - 41 可知：

$$LD = \overline{Q_D Q_B}$$

序列信号函数表达式为

$$F = m_1 + m_4 + m_5 + m_8 + m_{10}$$

将其填入卡诺图，如图 6 - 44(a)所示。选 $Q_D Q_C$ 为四选一数据选择器地址 $A_1 A_0$。由此确定四选一数据选择器输入数据端 D_i 的函数式，如图 6 - 44(a)所示。据此画出逻辑图，如图 6 - 44(b)所示。

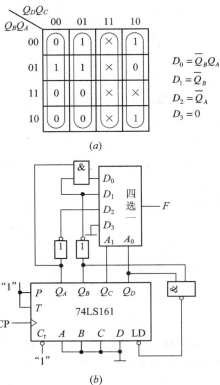

图 6 - 44　题 24 图

表 6 - 41　题 24 状态迁移表

Q_D	Q_C	Q_B	Q_A	F
0	0	0	0	0
0	0	0	1	1
0	0	1	0	0
0	0	1	1	0
0	1	0	0	1
0	1	0	1	1
0	1	1	0	0
0	1	1	1	0
1	0	0	0	1
1	0	0	1	0
1	0	1	0	1

25．用 74LS161 和 74LS138 实现 $F_1 = 11001101$ 和 $F_2 = 01010011$ 双序列信号产生电路。

解　序列信号长度均为 8，故首先用 74LS161 组成八进制计数器。其状态迁移关系如表 6 - 42 所示。

选 $Q_C Q_B Q_A$ 为 74LS138 地址 $A_2 A_1 A_0$，则 F_1、F_2 的函数表达式为

$$F_1 = m_0 + m_1 + m_4 + m_5 + m_7 = \overline{m_2 + m_3 + m_6} = \overline{m_2}\ \overline{m_3}\ \overline{m_6}$$

用与门实现较方便。

$$F_2 = m_1 + m_3 + m_6 + m_7 = \overline{\overline{m_1}\ \overline{m_3}\ \overline{m_6}\ \overline{m_7}}$$

电路如图 6 - 45 所示。

表 6-42　题 25 状态迁移表

Q_D	Q_C	Q_B	Q_A	F_1	F_2
0	0	0	0	1	0
0	0	0	1	1	1
0	0	1	0	0	0
0	0	1	1	0	1
0	1	0	0	1	0
0	1	0	1	1	0
0	1	1	0	0	1
0	1	1	1	1	1

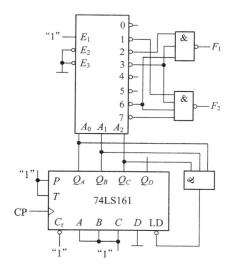

图 6-45　题 25 图

第7章

脉冲波形的产生与变换

在实际工作中经常需要正弦波之外的波形——脉冲波形。脉冲波形电路由两大部分组成：惰性电路和开关。开关可用不同的电子器件来完成，如可用分立器件晶体三极管或场效应管，可用运算放大器，也可用逻辑门，目前用得较多的是 555 定时电路。

本章主要讲述 555 定时电路的工作原理和由 555 定时电路组成的三种基本应用电路（单稳态电路、多谐振荡器和施密特电路）的工作原理和应用。

通过本章的学习，要求学生：

掌握 555 定时电路的工作原理，以及由 555 定时电路组成的单稳态电路、多谐振荡器、施密特电路的工作原理、主要指标计算和主要用途。

7.1 本 章 小 结

7.1.1 555 定时电路的功能

555 定时电路是目前应用十分广泛的一种器件，其电路如图 7-1 所示，它是模拟电子技术和数字电子技术的综合应用电路。为了正确地使用该电路，应掌握它的基本功能。其功能如表 7-1 所示，表中 $U_⑥$、$U_⑤$、$U_②$ 分别表示⑥脚、⑤脚、②脚的电位。

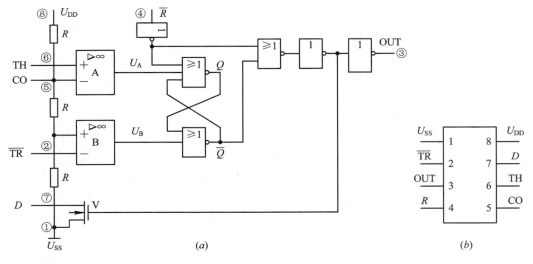

图 7-1 555 定时电路

表 7 - 1　555 定时电路功能表

$\overline{R}$	$U_⑥$	$U_②$	OUT	U_D	说明
0	$\times$	$\times$	U_{OL}	导通	正
1	$>U_⑤$	$>\frac{1}{2}U_⑤$	U_{OL}	导通	常 工
1	$<U_⑤$	$<\frac{1}{2}U_⑤$	U_{OH}	截止	作
1	$<U_⑤$	$>\frac{1}{2}U_⑤$	原态	原态	状 态
1	$>U_⑤$	$<\frac{1}{2}U_⑤$	信号存在期间，RSFF Q 端和 $\overline{Q}$ 端同时为 0；信号撤销后，状态不变，呈禁止状态		

说明：⑤脚的电位随其接法不同而变化；①、⑤脚接 0.01 μF 的电容时，$U_⑤ = \frac{2}{3}U_{DD}$；②、⑤脚接电阻 R_5 时，$U_⑤ = \frac{R_5 /\!/ 2R}{R + R_5 /\!/ 2R}U_{DD}$；③、⑤脚接另一电源 U_{EE} 时，$U_⑤ = U_{EE}$，但应满足 $U_{EE} < U_{DD}$。

$\overline{R}$ 端即④号脚，是置"0"端，低电平有效，只要 $\overline{R} = 0$，不管其它输入端和电路的状态，其输出均为 U_{OL}（即逻辑 0），同时开关管 U_D 导通。当不置"0"时，④脚接高电平，一般与电源 U_{DD} 相连。

⑤脚是控制端，改变该端的电压值 $U_⑤$，可以改变比较器 A 和 B 的基准电平。该端不接电源或电阻时，应通过 0.01 μF 电容接地，以防干扰信号影响 $U_⑤$ 值，使 555 电路不能正常工作。

7.1.2　单稳态电路

单稳态电路具有一个稳定状态和一个暂稳态，在外界有效信号的触发下，电路由稳态翻转到暂稳态，经过一定时间 T_w 后（此时间只与电路定时元件 R 和 C 及 $U_⑤$ 有关，与触发信号无关），又自动返回稳态。

单稳态电路要求触发信号的有效信号小于 $U_⑤/2$，脉冲宽度 t_{Ip} 小于输出脉冲宽度 T_w。

单稳态电路输出脉冲的周期（或频率），等于触发信号的周期（或频率），与其它因素无关；输出脉冲的幅度等于输出门电路的 U_{OH}（CMOS 型电路近似等于 U_{DD}），与输入信号无关。

输出脉冲宽度 T_w 为

$$T_w = RC \ln \frac{U_{DD}}{U_{DD} - U_⑤} \tag{7-1}$$

⑤脚接电容时，$U_⑤ = \frac{2}{3}U_{DD}$，则

$$T_w = 1.1RC \tag{7-2}$$

⑤脚接电阻 R_5 时有

$$U_⑤ = \frac{R_5 /\!/ (R_2 + R_3)}{R_1 + R_5 /\!/ (R_2 + R_3)}U_{DD} = kU_{DD}$$

则

$$T_W = RC \ln \frac{1}{1-k} \qquad (7-3)$$

其中，$k = \dfrac{R_5 \mathbin{/\mkern-5mu/} (R_2 + R_3)}{R_1 + R_5 \mathbin{/\mkern-5mu/} (R_2 + R_3)}$ 叫分压系数。

⑤脚接电动势 U_{EE} 时，$U_⑤ = U_{EE}$，则

$$T_W = RC \ln \frac{U_{DD}}{U_{DD} - U_{EE}} = RC \ln \frac{1}{1 - \dfrac{U_{EE}}{U_{DD}}} \qquad (7-4)$$

由式（7-1）可知，T_W 不仅与定时元件 R、C 有关，而且与 $U_⑤$ 有关，$U_⑤ \uparrow \rightarrow T_W \uparrow$，但是不允许 $U_⑤ \geqslant U_{DD}$，否则电路无法从"1"态返回"0"态。

由式（7-2）～式（7-4）可知，⑤脚接电容或电阻时，T_W 与 U_{DD} 无关，但是⑤脚接恒压源时，T_W 随 U_{DD} 的变化而变化。U_{DD} 越接近 $U_⑤$，T_W 越宽。

T_W 与有效触发信号无关。

单稳态电路的主要用途是定时、延时和整形。

7.1.3 施密特触发器

施密特触发器有两个稳态（"0"态和"1"态）和两个阈值（U_{TH} 和 U_{TL}）。当 u_I 递增时，在 $u_I = U_{TH}$ 时刻，u_O 由 U_{OH} 下跳为 U_{OL}；当 u_I 递减时，在 $u_I = U_{TL}$ 时刻，u_O 由 U_{OL} 上跳为 U_{OH}。

当 $U_{TH} = U_⑤$，$U_{TL} = \frac{1}{2} U_⑤$ 时，回差电压 $\Delta U_T = \frac{1}{2} U_⑤$，增大 $U_⑤$，可增大 ΔU_T，提高抗干扰能力。原则上 $U_⑤$ 可以取除 0 以外的任意值。实际工作中，可依据 u_I 的变化幅度、外界干扰程度及器件的安全性，来确定 $U_⑤$ 的值。

施密特触发器输出脉冲的宽度、周期、频率及占空比，均受输入电压 u_I 的控制，也与 ΔU_T 有关。

施密特触发器输出脉冲的幅度恒等于 U_{OH}，与 u_I 及 ΔU_T 无关。

施密特触发器的主要用途是波形变换、整形和幅度鉴别。

7.1.4 多谐振荡器

多谐振荡器不需要外加触发信号，就能产生等幅、等宽的周期性矩形脉冲。它有两个暂态，无稳态。

多谐振荡电路输出矩形波的周期 T 和占空比 D 的一般表达式为

$$T = T_充 + T_放 = R_充 C \ln \frac{U_{DD} - \frac{1}{2} U_⑤}{U_{DD} - U_⑤} + 0.7 R_放 C \qquad (7-5)$$

$$D = \frac{T_充}{T} = \frac{R_充 C \ln \dfrac{U_{DD} - \frac{1}{2} U_⑤}{U_{DD} - U_⑤}}{R_充 C \ln \dfrac{U_{DD} - \frac{1}{2} U_⑤}{U_{DD} - U_⑤} + 0.7 R_放 C} \qquad (7-6)$$

式中，$R_充$ 和 $R_放$ 分别是定时电容 C 的充、放电回路的等效电阻。

显然，⑤脚电压 $U_⑤$ 越高，T 和 D 越大，但是 $U_⑤$ 必须小于 U_{DD}，否则，电路就不能产生振荡，从而造成逻辑错误。

7.2 典型题举例

例 1 555 定时电路 CO 端不用时，应当(   )。

A. 接高电平　　　　　　　　　　　　B. 接低电平

C. 通过 $0.01~\mu F$ 的电容接地　　　　D. 通过小于 $500~\Omega$ 的电阻接地

答案：A

例 2 555 定时电路⑤号端即控制端不用时，应当(   )。

A. 接高电平　　　　　　　　　　　　B. 接低电平

C. 通过 $0.01~\mu F$ 的电容接地　　　　D. 直接接地

答案：C

例 3 能起定时作用的电路是(   )。

A. 施密特触发器　　　　　　　　　　B. 单稳态电路

C. 多谐振荡器　　　　　　　　　　　D. 译码器

答案：B

例 4 为把 $50~Hz$ 的正弦波变成周期性矩形波，应当选用(   )。

A. 施密特触发器　　　　　　　　　　B. 单稳态电路

C. 多谐振荡器　　　　　　　　　　　D. 译码器

答案：A

例 5 为产生周期性矩形波，应当选用(   )。

A. 施密特触发器　　　　　　　　　　B. 单稳态电路

C. 多谐振荡器　　　　　　　　　　　D. 译码器

答案：C

例 6 多谐振荡器有_____个稳态，_____个暂态；单稳态电路有_____个稳态，_____个暂态；施密特电路有_____个稳态，_____个暂态。

答案：0，2；1，1；2，0

例 7 由 555 定时器构成的施密特触发器，其⑤脚接 6 V 的电动势，则其 U_{TL} 为_____，U_{TH} 为_____。

答案：3 V；6 V

例 8 由 555 定时器构成的单稳态电路，当其⑤脚接 $0.01~\mu F$ 的电容时，其有效触发信号的幅度应该_____；当⑤脚接电动势 E_5 时，有效触发信号的幅度应当_____。

答案：小于 $\frac{1}{3}U_{DD}$；小于 $\frac{1}{2}E_5$

例 9 由 555 定时器构成的单稳态电路，其⑤脚接电动势 E_5，为展宽其输出脉冲宽度，可以(   )。

A. 增大定时电阻 R　　　　B. 增大定时电容 C

C. 增大 E_5 D. 增大 U_{DD} E. 减小 U_{DD}

答案：A B C E

例 10 若把例 9 中的单稳态电路的⑤脚改接 0.01 μF 的电容，重作例 9。

答案：A B C

例 11 由 555 定时器构成的施密特触发器，其⑤脚接 6 V 的电压源，供电电压 $U_{DD}=12$ V，对应图 7-2 所示的输入波形画出输出电压波形。

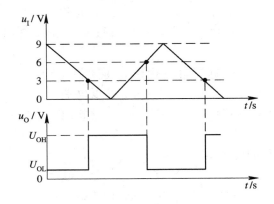

图 7-2 例 11 图

例 12 由 555 定时器构成的多谐振荡器，其⑤脚接恒压源。为提高其振荡频率可以（   ）。

A. 增大定时电容 C B. 减小定时电容 C

C. 增大供电电压 U_{DD} D. 减小供电电压 U_{DD}

E. 减小电容 C 充电回路的等效电阻

答案：B C E

7.3 练 习 题 题 解

1. 如图 7-3 所示的单稳态电路，若其⑤脚不接 0.01 μF 的电容，而改接直流正电源 U_R，当 U_R 变大和变小时，单稳态电路的输出脉冲宽度如何变化？若⑤脚通过 10 kΩ 的电阻接地，其输出脉冲宽度又作什么变化？

答：⑤脚接 U_R 后，⑤脚的电位 $U_⑤=U_R$，若 U_R 变大，则 $U_⑤$ 升高，使定时电容 C 的充电时间增长，从而使输出脉冲宽度增大，但是 U_R 不可大于电源电压 U_{DD}，否则，电路无法返回"0"态；若 U_R 变小，则定时电容充电时间变短，输出脉冲宽度变窄。

以上答案也可由式(7-1)得出。

若⑤脚接 10 kΩ 的电阻，则

$$U_⑤ = \frac{10 /\!/ (5+5)}{5+10 /\!/ (5+5)} U_{DD} = \frac{1}{2}U_{DD}$$

⑤脚接 0.01 μF 的电容器时，$U_⑤ = \frac{2}{3}U_{DD}$。可见⑤脚改接 10 kΩ 的电阻后，⑤脚电位降低，定时电容的充电时间缩短，输出脉冲宽度变窄。

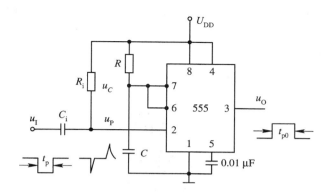

图 7 - 3 题 1 图

2. 电路如图 7 - 3 所示，已知 $U_{DD} = 10$ V，$R = 10$ kΩ，$C = 0.1$ μF，求输出脉冲宽度 T_W，并对应画出 u_I、u_C 和 u_O 的波形。

解 $T_W = 1.1RC = 1.1 \times 10^4 \times 10^{-7} = 1.1$ ms

u_1、u_C 和 u_O 的对应波形如图 7 - 4 所示。

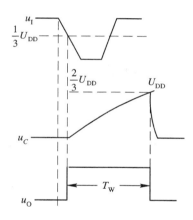

图 7 - 4 题 2 图

3. 用两级 555 定时器构成的单稳态电路设计一个电路，实现图 7 - 5(a) 所示的输入 u_1 和输出 u_O 的波形关系，并标出定时电阻 R 和定时电容 C 的数值。

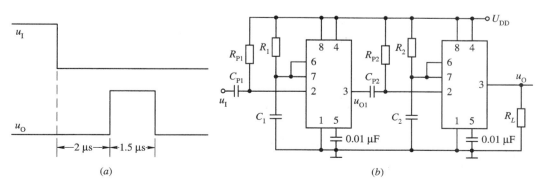

图 7 - 5 题 3 图

解 需采用两级带微分电路的单稳态电路。第一级的输出脉冲宽度为

$$T_{\text{W1}} = 1.1 R_1 C_1 = 2 \ \mu\text{s}$$

第二级的输出脉冲宽度为

$$T_{\text{W2}} = 1.1 R_2 C_2 = 1.5 \ \mu\text{s}$$

故

$$C_1 = \frac{2 \times 10^{-6}}{1.1 R_1}$$

$$C_2 = \frac{1.5 \times 10^{-6}}{1.1 R_2}$$

利用以上两式，即可确定定时元件的数值。若取 $R_1 = R_2 = 10$ kΩ，则 $C_1 \approx 200$ pF，$C_2 = 140$ pF。

电路原理图如图 7-5(b)所示。

4. 图 7-6(a)为 555 定时器构成的多谐振荡器，已知 $U_{\text{DD}} = 10$ V，$C = 0.1 \ \mu\text{F}$，$R_1 = 20$ kΩ，$R_2 = 80$ kΩ，求振荡周期 T，并画出相应的 u_C 及 u_O 波形。

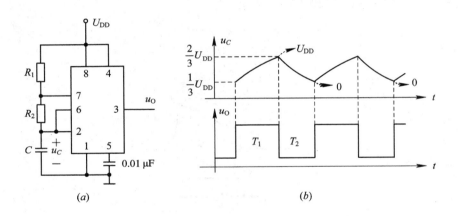

图 7-6 题 4 图

解 充电时间 $T_1 = 0.7(R_1 + R_2)C = 7$ ms

放电时间 $T_2 = 0.7 R_2 C = 5.6$ ms

周期 $T = T_1 + T_2 = 12.6$ ms

u_C 与 u_O 的波形如图 7-6(b)所示。

5. 图 7-7(a)为 555 定时器构成的线性扫描波发生器，已知 $U_{\text{DD}} = 12$ V，$R_1 = R_2 = 30$ kΩ，$R_e = 1$ kΩ，$C = 0.1 \ \mu\text{F}$，求扫描期。

解 线性扫描波发生器也叫锯齿波发生器，其特点是：幅度随时间成正比地增大，经过一段时间后，迅速降低为初始值。其幅度随时间成正比地增大的这段时间叫扫描期。图 7-7(a)所示电路中⑥脚的输出电压(即 u_C)的波形即为锯齿波，如图 7-7(b)所示。由波形图看出锯齿波的扫描期等于单稳态电路的输出脉冲宽度 T_{W}。

由于晶体管 V 采用了稳定偏置电路，因此 R_1 的端电压 U_{R_1} 近似为

$$U_{R_1} = \frac{R_1}{R_1 + R_2} U_{\text{DD}} = 6 \text{ V}$$

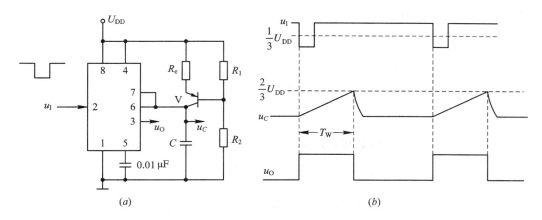

图 7 - 7 题 5 图

晶体管的集电极静态电流 I_{CQ} 约为

$$I_{CQ} \approx I_{EQ} \approx \frac{U_{R_1} - U_{BE}}{R_e} \approx 5.3 \text{ mA}$$

$$u_C = \frac{1}{C} \int i_C \cdot \mathrm{d}t = \frac{1}{C} \int I_{CQ} \cdot \mathrm{d}t = \frac{1}{C} I_{CQ} t$$

由单稳态电路的工作原理可知，当 $t = T_W$ 时，$u_C = 2U_{DD}/3$，则

$$\frac{2}{3} U_{DD} = \frac{1}{C} I_{CQ} T_W$$

$$T_W = \frac{2CU_{DD}/3}{I_{CQ}} = 0.151 \text{ ms}$$

6. 画出由 555 定时器构成的施密特电路的电路图。若输入波形如图 7 - 8(a) 所示，$U_{DD} = 15$ V，画出对应的输出波形。如⑤脚改接 10 kΩ 的电阻，再画输出波形（画图时要与输入波形时间关系对齐）。

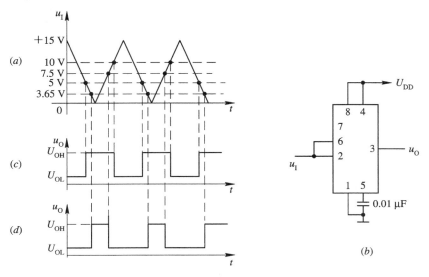

图 7 - 8 题 6 图

解 电路如图 7 - 8(b)所示。

当⑤脚接电容时，其正向阈值 U_{TH} 和负向阈值 U_{TL} 分别为

$$U_{\mathrm{TH}} = \frac{2}{3}U_{\mathrm{DD}} = 10 \text{ V}$$

$$U_{\mathrm{TL}} = \frac{1}{3}U_{\mathrm{DD}} = 5 \text{ V}$$

其输出波形如图 7 - 8(c)所示。

当⑤脚接 10 kΩ 的电阻时，其 U_{TH} 和 U_{TL} 分别为

$$U_{\mathrm{TH}} = \frac{(5+5) \mathbin{/\!/} 10}{5 + (5+5) \mathbin{/\!/} 10}U_{\mathrm{DD}} = 7.5 \text{ V}$$

$$U_{\mathrm{TL}} = \frac{1}{2}U_{\mathrm{TH}} = 3.75 \text{ V}$$

其输出波形如图 7 - 8(d)所示。

第 8 章

数/模与模/数转换

随着科学技术的发展和计算机的普及，数字计算机在国民经济各部门和国防领域已经获得愈来愈广泛的应用。数字计算机只能处理数字信号，而自然界存在大量的物理量属于非电模拟量。为了使数字计算机也能处理这些非电模拟信号，一般应经过传感器将非电模拟量转换为电模拟量，然后经过放大器将电信号放大，随后送至模/数转换电路，将模拟信号转换为数字信号，送至计算机进行分析处理。处理后的数字信号，再经过数/模转换电路，转换为模拟信号去控制执行器件。由此可看出，数/模和模/数转换电路是计算机和用户之间不可缺少的接口电路。

本章讲述了数/模转换器（DAC）和模/数转换器（ADC）的基本工作原理。至于集成 ADC 和集成 DAC 的工作原理及具体应用，将在微机原理和接口电路中讲述。

通过本章的学习，要求学生：

（1）熟悉 DAC 转换原理及指标；

（2）熟悉 ADC 转换原理及指标。

8.1 本 章 小 结

8.1.1 DAC

1. 原理与指标

DAC 的任务是：将输入的二进制数字信号转换为与输入数字量成正比例的模拟量电流 i_O 或电压 u_O。

转换后应得如下结果：

$$u_O（或 i_O）= KB = K \sum_{i=0}^{n-1} B_i 2^i$$

式中，K 为转换比例常数，B 为输入二进制数字量。

$$B = B_{n-1} 2^{n-1} + B_{n-2} 2^{n-2} + \cdots + B_1 2^1 + B_0 2^0 = \sum_{i=0}^{n-1} B_i 2^i$$

DAC 的主要指标是分辨率和精度。

1）分辨率

DAC 的分辨率，即电路所能分辨的最小输出电压增量 U_{LSB} 与满刻度输出电压（最大输出电压）U_m 之比。最小输出电压增量，就是输入二进制数字量中最低位（LSB）B_0 为 1 时所

151

对应的输出电压值 U_{LSB}，即

$$U_{\text{LSB}} = K2^0$$

满刻度输出电压是输入二进制数字量各位均为 1 时所对应的输出电压值 U_{m}，即

$$U_{\text{m}} = K(2^n - 1)$$

分辨率为

$$D = \frac{U_{\text{LSB}}}{U_{\text{m}}} = \frac{1}{2^n - 1}$$

因此，二进制位数 n 越大，DAC 的分辨能力越高（分辨率越小）。实际中也常常用位数来表示分辨率。

2）精度

精度是实际输出值与理论值之差。这种差值是由转换过程中的各种误差引起的，主要指静态误差。误差主要有如下几种：

（1）非线性误差：由电子开关导通的电压降和电阻网络电阻值偏差产生的误差，常用满刻度的百分数表示。

（2）比例系数误差：由基准电压 U_{R} 偏离引起的误差，也用满刻度的百分数表示。

（3）漂移误差：由集成运算放大器性能漂移产生的误差。

（4）转换时间：有时也称为输出建立时间，它是指从输入数字信号时开始，到输出电压或电流达到稳态值时所需的时间。

2. DAC 电路

1）权电阻网络 DAC 电路

权电阻网络 DAC 电路的优点是：物理概念清楚，便于读者理解 DAC 的转换原理。由于这种电路使用的电阻种类多、范围广，且对每个电阻精度要求十分高，因而难于保证转换精度，更难于集成。

2）$R - 2R$ 倒 T 型网络 DAC 电路

$R - 2R$ 倒 T 型网络 DAC 电路如图 8-1 所示。图中，$S_i(i = 0, 1, \cdots, n-1)$ 为模拟开关，$R - 2R$ 电阻网络呈倒 T 型，运算放大器组成求和电路。模拟开关 S_i 由输入数码 B_i 控

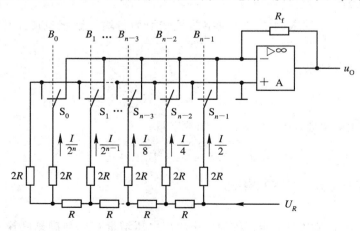

图 8-1　$R - 2R$ 倒 T 型网络 DAC 电路

制。当 $B_i = 1$ 时，S_i 接运算放大器反相输入端，电流 I_i 流入求和电路；当 $B_i = 0$ 时，S_i 将电阻 $2R$ 接地。根据运算放大器线性运用时的虚接地概念可知，无论模拟开关 S_i 处于何种位置，与 S_i 相连的 $2R$ 电阻均将接地。这样流过 $2R$ 电阻上的电流不随开关位置变化而变化，为确定值。分析 $R - 2R$ 电阻网络可以发现，从每个节点向左看的二端网络等效电阻均为 $2R$，流过 $2R$ 支路的电流从高位到低位按 2 的整数倍递减。设由基准电压源提供的总电流为 $I(I = U_R/R)$，则流过各节点的电流从高位至低位依次为 $I/2$，$I/4$，$I/8$，$\cdots$，$I/2^{n-1}$，$I/2^n$。于是流入运算放大器的总电流为

$$I_{\sum} = B_{n-1} \frac{I}{2^1} + B_{n-2} \frac{I}{2^2} + \cdots + B_1 \frac{I}{2^{n-1}} + B_0 \frac{I}{2^n}$$

$$= \frac{I}{2^n}(B_{n-1} 2^{n-1} + B_{n-2} 2^{n-2} + \cdots + B_1 2^1 + B_0 2^0)$$

$$= \frac{I}{2^n} \sum_{i=0}^{n-1} B_i 2^i$$

运算放大器的输出电压为

$$u_O = -I_{\sum} R_f = -\frac{IR_f}{2^n} \sum_{i=0}^{n-1} B_i 2^i$$

若 $R_f = R$，并将 $I = U_R/R$ 代入上式，则有

$$u_O = -\frac{U_R}{2^n} \sum_{i=0}^{n-1} B_i 2^i$$

可见，输出模拟电压正比于数字量的输入。

倒 T 型电阻网络的特点是电阻种类少，只有 R 和 $2R$ 两种。因此，它可以提高制作精度，而且在动态转换过程中对输出不易产生尖峰脉冲干扰，有效地减小了动态误差，提高了转换速度。倒 T 型电阻网络 D/A 转换器是目前转换速度较高且使用较多的一种。

对 DAC 电路，读者需重点掌握如下两个公式的含义和应用：

$$u_O = -\frac{U_R}{2^n} \sum_{i=0}^{n-1} B_i 2^i$$

$$D = \frac{U_{LSB}}{U_m} = \frac{1}{2^n - 1}$$

8.1.2 ADC

1. ADC 转换过程

ADC 将模拟信号转换为数字信号，一般要经过以下四个阶段：

（1）采样：将模拟信号转换成时间上分离的信号。

（2）保持：将采样阶段最后时刻的值保持至下一个采样信号到来之前，以保证转换的准确性。

一般将采样、保持两阶段用一个电路——采样保持电路完成。为保证转换精度，采样开关 S 的控制信号的频率 f_s 应满足公式 $f_s \geqslant 2f_{imax}$（此公式常称为采样定理）。f_s 为采样频率，f_{imax} 是输入电压频谱中的最高频率。

（3）量化：将采样保持后阶梯波形的每一个阶梯的幅值取整归并。

量化有两种方式：一种是只舍不进，如 $3.9 \rightarrow 3,3.1 \rightarrow 3$，显然量化后误差较大；另一种是四舍五入法，如 $3.9 \rightarrow 4,3.1 \rightarrow 3$，显然量化后的误差只有前一种的一半。

（4）编码：用二进制的代码表示量化后的幅值的过程称为编码，此编码即为输出的数字量。

一般量化与编码合为一个整体电路，不同的 ADC 电路，其量化编码方式不同。

2. ADC 转换电路

模/数转换电路的形式很多，通常可以合并为两大类。

间接法：将采样保持的模拟信号首先转换成与模拟量成正比的时间 T 或频率 F，然后再将中间量 T 或 F 转换成数字量。由于通常采用频率恒定的时钟脉冲通过计数器来转换，因此也称计数式。这种转换的特点是：工作速度低，转换精度可以做得较高，干扰抑制能力较强，一般在测试仪表中运用得较多。

直接法：通过一套基准电压与采样保持信号进行比较，从而直接转换数字量。这种转换方法的特点是：工作速度较快，转换精度容易保证。

由于 ADC 转换电路一般采用数字电路构成，故调整方便。

1）双积分式 ADC

双积分式 ADC 是间接法的一种。这种电路的优点是：转换结果与电路的积分时间常数 τ 无关，故其精度较高；采用积分电路，且是二次积分，故抗干扰能力较强。这种转换器转换速度低，主要用在对速度要求不高的仪器仪表中。

2）逐次逼近式 ADC

逐次逼近式 ADC 是一种最常用的直接式 ADC。这种转换电路速度较快，电路简单，精度较高。目前集成 ADC 电路中，主要采用这种形式。

3）并行比较 ADC

并行比较 ADC 是转换速度最快的一种 ADC，但电路十分复杂，主要用于少数对速度要求较高的场合。

3. ADC 主要技术指标

1）分辨率

分辨率指 ADC 对输入模拟信号的分辨能力。从理论上讲，一个 n 位二进制数输出 ADC 应能区分输入模拟电压的 2^n 个不同量级，能区分输入模拟电压的最小值为满量程输入的 $1/2^n$。在最大输入电压一定时，输出位数愈多，量化单位愈小，分辨率愈高。例如，ADC 输出为八位二进制数，输入信号最大值为 5 V，其分辨率为

$$分辨率 = \frac{U_m}{2^8} = \frac{5}{256} \text{ V} = 19.53 \text{ mV}$$

2）转换误差

转换误差通常以输出误差的最大值形式给出。它表示 ADC 实际输出的数字量和理论上的输出数字量之间的差别，常用最低有效位的倍数表示。如给出相对误差小于等于 $\pm \text{LSB}/2$，这就表明实际输出的数字量和理论上应得到的输出数字量之间的误差小于最低位的半个字。

3）转换时间

转换时间是指 ADC 从转换信号到来开始，到输出端得到稳定的数字信号所经过的时

间。此时间与转换电路的类型有关。不同类型的转换器，其转换时间相差很大。并行比较 ADC 转换时间最短，八位二进制输出的单片 ADC 其转换时间在 50 ns 内；逐次逼近式 ADC 转换时间稍长，一般在 $10\sim 50\ \mu s$ 内，也有的可达数百纳秒；双积分式 ADC 转换速度最慢，其转换时间在几十毫秒至几百毫秒间。实际应用中，应从系统总的位数、精度要求、输出模拟信号的范围及输入信号极性等方面综合考虑 ADC 的选用。

8.2 典型题举例

例 1 将模拟信号转换为数字信号，应选用（   ）。

A. DAC 电路　　　　B. ADC 电路　　　　C. 译码器　　　　D. 可编程器 PLD

答案：B

例 2 八位 DAC 电路可分辨的最小输出电压为 10 mV，则输入数字量为 $(10000000)_B$ 时，输出电压为（   ）。

A. 2.56 V　　　　B. 1.28 V　　　　C. 1.27 V　　　　D. 2.55 V

答案：B

由给定条件

$$U_{LSB} = K \times 1 = K = 10\ mV$$

$$u_O = K \times \sum_{i=0}^{n-1} B_i 2^i = K \times 128 = 1.28\ V$$

例 3 ADC 的功能是（   ）。

A. 把模拟信号转换为数字信号　　　　B. 把数字信号转换为模拟信号

C. 把二进制转换为十进制　　　　D. 把格雷码转换为二进制

答案：A

例 4 在 ADC 电路中，为保证转换精度，其采样信号的频率 f_s 与输入信号中的最高频率分量 f_{imax} 应满足（   ）。

A. $f_s \geqslant f_{imax}$　　　　B. $f_{imax} \geqslant 2f_s$　　　　C. $f_s \leqslant 2f_{imax}$　　　　D. $f_s \geqslant 2f_{imax}$

答案：D

例 5 模/数转换电路的转换过程有（   ）。

A. 采样　　　B. 译码　　　C. 保持　　　D. 量化　　　E. 编码

答案：ACDE

例 6 已知八位模/数转换电路的基准电压 $U_R = -12\ V$。

（1）输入二进制数为 00000001 时，输出模拟电压 u_O 是多少？

（2）输入二进制数为 11111111 时，输出模拟电压 u_O 是多少？

（3）该电路的分辨率 D 是多少？

解 （1）

$$u_O = U_{LSB} = \frac{U_R}{2^n} \times 1 = \frac{12}{256} \approx 0.047\ V$$

（2）

$$u_O = U_m = \frac{U_R}{2^n}(2^n - 1) = \frac{12}{256} \times 255 \approx 11.95\ V$$

（3）
$$D = \frac{U_{\mathrm{LSB}}}{U_{\mathrm{m}}} = \frac{0.047}{11.95} \approx 0.0039 = 0.39\%$$

或

$$D = \frac{1}{2^n - 1} = \frac{1}{255} \approx 0.0039 = 0.39\%$$

例 7 已知某 DAC 转换电路，输入三位数字量，参考电压 $U_R = -8$ V，当输入数字量 $D_2 D_1 D_0$ 如图 8-2(a) 所示时，求相应的输出模拟量 u_O，并对应 CP 波形画出 u_O 的波形。

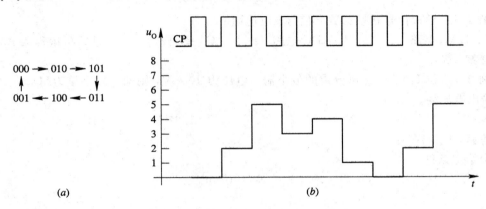

(a)   (b)

图 8-2 例 7 图

解
$$u_O = -\frac{U_R}{2^n} \sum_{i=0}^{n-1} B_i 2^i$$

按输入二进制数的序列，求出对应的 u_O 值。

$\quad$ 000 $\qquad\qquad\qquad u_O = 0$ V

$\quad$ 010 $\qquad\qquad\qquad u_O = \frac{8}{2^3} \times 2 = 2$ V

$\quad$ 101 $\qquad\qquad\qquad u_O = \frac{8}{2^3} \times 5 = 5$ V

$\quad$ 011 $\qquad\qquad\qquad u_O = \frac{8}{2^3} \times 3 = 3$ V

$\quad$ 100 $\qquad\qquad\qquad u_O = \frac{8}{2^3} \times 4 = 4$ V

$\quad$ 001 $\qquad\qquad\qquad u_O = \frac{8}{2^3} \times 1 = 1$ V

根据上述序列画出 u_O 波形，如图 8-2(b) 所示。

例 8 三位 DAC 电路的输出电压波形如图 8-3 所示，已知参考电压 $U_R = -8$ V，试确定按时钟周期 T_{CP} 所输入的数字量。

解 利用公式

$$u_O = -\frac{U_R}{2^n} \sum_{i=0}^{n-1} B_i 2^i$$

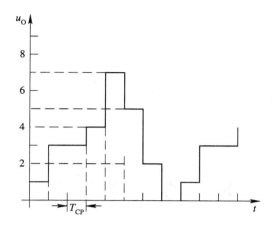

图 8 - 3 例 8 图

$$\sum_{i=0}^{n-1} B_i 2^i = -\frac{u_O}{U_R/2^n}$$

由题中

$$\frac{U_R}{2^n} = 1$$

因此数字量如下：

$$1\text{ V} \rightarrow 1 \rightarrow 001, \quad 3\text{ V} \rightarrow 3 \rightarrow 011$$
$$4\text{ V} \rightarrow 4 \rightarrow 100, \quad 7\text{ V} \rightarrow 7 \rightarrow 111$$
$$5\text{ V} \rightarrow 5 \rightarrow 101, \quad 2\text{ V} \rightarrow 2 \rightarrow 010$$
$$0\text{ V} \rightarrow 0 \rightarrow 000$$

输入的数字量对应的 T_{CP} 关系如下：

$$001 \rightarrow 011 \rightarrow 011 \rightarrow 100$$
$$\uparrow \qquad\qquad\qquad\qquad \downarrow$$
$$000 \leftarrow 010 \leftarrow 101 \leftarrow 111$$

例 9 三位 DAC，当输入数字量由 101 变为 111 时，其输出的增量 $\Delta u_O = 1$ V。求：

(1) 分辨率 D；

(2) 基准电压 U_R；

(3) 最大输出电压 U_m。

解 (1)

$$D = \frac{1}{2^n - 1} = \frac{1}{7}$$

(2) U_{LSB} 是输入数字量变化最小单位时的输出电压，因为 101→111，数字量变化为两个最小单位，所以

$$U_{LSB} = \frac{1}{2}\Delta u_O = 0.5\text{ V}$$

又

$$U_{LSB} = -\frac{U_R}{2^n} \times 1$$

则
$$U_R = -U_{LSB} \times 2^n = -0.5 \times 8 = -4 \text{ V}$$

（3）
$$U_m = \frac{U_{LSB}}{D} = 3.5 \text{ V}$$

或
$$U_m = -\frac{U_R}{2^n}(2^n - 1) = \frac{4}{8} \times 7 = 3.5 \text{ V}$$

8.3　练　习　题　题　解

1. 在权电阻 DAC 中，若 $n=6$，并选 MSB 权电阻 $R_5 = 10 \text{ k}\Omega$，试问选取其它各位权电阻的阻值为多少。

答：次高位电阻 $R_4 = 2R_5 = 20 \text{ k}\Omega$，其它各位依次为：$R_3 = 2^2 R_5 = 40 \text{ k}\Omega$；$R_2 = 2^3 R_5 = 80 \text{ k}\Omega$；$R_1 = 2^4 R_5 = 160 \text{ k}\Omega$；$R_0 = 2^5 R_5 = 320 \text{ k}\Omega$。

2. T 型电阻 DAC，$n=10$，$U_R = -5 \text{ V}$，当输入下列值时，求输出电压 u_O。

（1）$B_1 = 0000000000$

（2）$B_2 = 0000000001$

（3）$B_3 = 1000000000$

（4）$B_4 = 1001010101$

（5）$B_5 = 1111111111$

解　由公式
$$u_O = -\frac{U_R}{2^n} \sum_{i=0}^{n-1} B_i 2^i$$

可求出对应的输出电压值：
$$B_1 = 0000000000 = 0, \qquad u_O = 0 \text{ V}$$
$$B_2 = 0000000001 = 1, \qquad u_O = \frac{5}{2^{10}} \times 1 \approx 0.0049 \text{ V}$$
$$B_3 = 1000000000 = 512, \quad u_O = \frac{5}{2^{10}} \times 512 = 2.5 \text{ V}$$
$$B_4 = 1001010101 = 597, \quad u_O = \frac{5}{2^{10}} \times 597 \approx 2.915 \text{ V}$$
$$B_5 = 1111111111 = 1023, \quad u_O = \frac{5}{2^{10}} \times 1023 \approx 4.9951 \text{ V}$$

3. T 型电阻 DAC，$n=10$，$U_R = -5 \text{ V}$，要求输出电压 $u_O = 4 \text{ V}$，那么输入的二进制数应是多少？为了获得 20 V 的输出电压，有人说，其它条件不变，增加 DAC 的位数即可，你认为怎样？

解
$$u_O = -\frac{U_R}{2^n} \text{（二进制数）}$$

首先求出所需对应的十进制数，即

$$\frac{u_{\mathrm{O}}}{-\dfrac{U_{\mathrm{R}}}{2^n}} = \frac{4}{\dfrac{5}{1024}} = 819.2 \approx 819$$

再将 819 转换为二进制数，即

$$819 = (1100110011)_2$$

要获得 20 V 输出电压，只能提高基准电压 U_{R} 值，提高位数只能提高精度和分辨率。由公式

$$u_{\mathrm{O}} = -\frac{U_{\mathrm{R}}}{2^n} \sum_{i=0}^{n-1} B_i 2^i$$

知 u_{O} 最大只能接近 U_{R} 值，不可能超过它。

4. T 型电阻 DAC 中，$n=10$，若 $B_9 = B_7 = 1$，其余位均为 0，在输出端测得电压 $u_{\mathrm{O}} = 3.125$ V，求该 DAC 的基准电压 U_{R}。

解 $B_9 = B_7 = 1$，其余位为 0 所对应的数为

$$1010000000 = 512 + 128 = 640$$

因此

$$U_{\mathrm{R}} = -\frac{2^n \times u_{\mathrm{O}}}{640} = -\frac{1024 \times 3.125}{640} = -5 \text{ V}$$

5. 已知某 DAC 电路，最小分辨电压 $u_{\mathrm{LSB}} = 5$ mV，满刻度输出电压 $U_{\mathrm{m}} = 10$ V，试求该电路输入数字量的位数 n 和基准电压 U_{R}。

如另一 DAC 电路 $n=9$，$U_{\mathrm{m}} = 5$ mV，试求最小分辨电压 U_{LSB}、分辨率和基准电压 U_{R}。

解 由分辨率公式得

$$\frac{U_{\mathrm{LSB}}}{U_{\mathrm{m}}} = \frac{1}{2^n - 1}$$

$$2^n = \frac{U_{\mathrm{m}}}{U_{\mathrm{LSB}}} + 1 = 2001$$

$$n = 11 \text{ 位}$$

由

$$u_{\mathrm{O}} = -\frac{U_{\mathrm{R}}}{2^n} \sum_{i=0}^{n-1} B_i 2^i$$

知当二进制数最低位为 1、其它位均为 0 时，输出 $u_{\mathrm{O}} = U_{\mathrm{LSB}} = 5$ mV，则

$$U_{\mathrm{R}} = -U_{\mathrm{LSB}} \times 2^n = -0.005 \times 2048 = -10.24 \text{ V}$$

或当二进制数各位均为 1 时，输出 $u_{\mathrm{O}} = U_{\mathrm{m}} = 10$ V，则

$$U_{\mathrm{R}} = \frac{-U_{\mathrm{m}} \times 2^n}{2^n - 1} = \frac{-10 \times 2048}{2047} \approx -10.0049 \text{ V}$$

两种情况下所得结果不一致，其原因是题目中 U_{LSB} 和 U_{m} 不一致。我们选定 $U_{\mathrm{R}} = 10$ V，此时 U_{LSB} 和 U_{m} 值分别为

$$U_{\mathrm{LSB}} = -\frac{U_{\mathrm{R}}}{2^n} \times 1 \approx 4.9 \text{ mV}$$

$$U_{\mathrm{m}} = -\frac{U_{\mathrm{R}}}{2^n} \times (2^n - 1) \approx 9.995 \text{ V}$$

若 $n=9$，$U_m=5$ V，则 U_{LSB}、分辨率和基准电压 U_R 计算如下：

$$U_m = -\frac{U_R}{2^n}(2^n-1)$$

$$U_R = \frac{-U_m \times 2^n}{2^n-1} \approx -5.0098 \text{ V}$$

选取 $U_R=-5$ V，则

$$U_{LSB} = -\frac{U_R}{2^n} \times 1 = \frac{5}{512} \approx 0.0098 \text{ V}$$

选取 $U_R=-5$ V 后，其满刻度输出电压为

$$U_m = -\frac{U_R}{2^n} \times (2^n-1) = \frac{5}{512} \times 511 \approx 4.99 \text{ V}$$

其分辨率为

$$D = \frac{U_{LSB}}{U_m} = \frac{1}{2^n-1} = \frac{1}{511} \approx 0.001\,96 = 0.196\%$$

6. 某双积分式 ADC 电路中，计数器由四片十进制集成计数器 74LS90 组成，它的最大计数容量 $N_1=(5000)_{10}$，计数脉冲的频率 $f_C=25$ kHz，积分器 $R=100$ kΩ，$C=1$ μF，输入电压范围 $u_I=0\sim5$ V。试求：

（1）第一次积分的时间 T_1；

（2）积分器的最大输出电压 $|u_{Omax}|$；

（3）当 $U_R=\pm10$ V 时，若计数器的计数值 $N_2=(1740)_{10}$，表示输入电压 u_I 为多大？

解 （1）$T_1=2^n T_{CP}$，其中 2^n 表示的是计数器计满时的情况，此处为 $(5000)_{10}$，$T_{CP}=1/f_C=40$ μs，则

$$T_1 = 5000 \times 40 \times 10^{-6} = 0.2 \text{ s}$$

（2）积分器的最大输出电压是当计数为 5000、输入为 5 V 时，积分器输出的值，即

$$|u_{Omax}| = \left|\frac{T_1}{\tau}u_I\right| = \left|\frac{2^n T_{CP}}{\tau}u_I\right| = \frac{0.2}{100 \times 10^3 \times 10^{-6}} \times 5 = 10 \text{ V}$$

（3）

$$u_I = \frac{NU_R}{2^n} = \frac{10 \times 1740}{5000} = 3.48 \text{ V}$$

7. 逐次逼近式 8 位 ADC 电路中，若基准电压 $U_R=5$ V，输入电压 $u_I=4.22$ V，试问其输出 $B_7 \sim B_0$ 为多少。如果其它条件不变，仅改用 10 位 DAC，那么输出数字量又会是多少？请写出两种情况的量化误差。

解 由逐次逼近式 8 位 ADC 的工作过程可知，u_I 与 8 位 DAC 的输出进行比较，而 DAC 决定了输出的数字量，因此，问题的实质仍是通过对 DAC 电路的计算确定输出数字量。由 DAC 知

$$u_O = -\frac{U_R}{2^n} \times B$$

式中 B 为数字量。

当 $u_O=u_I$ 时，DAC 所对应 B 值（用十进制表示的数）为

$$B = \left| \frac{2^n \times u_{\mathrm{I}}}{U_{\mathrm{R}}} \right| = \left| \frac{256 \times 4.22}{5} \right| \approx 216$$

将 216 转换为二进制数，得

$$B_7 B_6 B_5 B_4 B_3 B_2 B_1 B_0 = 11011000$$

如果换为 10 位 DAC，则

$$B = \left| \frac{1024 \times 4.22}{5} \right| \approx 864$$

将 864 转换为二进制数，得

$$B_9 B_8 B_7 B_6 B_5 B_4 B_3 B_2 B_1 B_0 = 1101100000$$

其量化误差分为只舍不入和四舍五入两种情况：

只舍不入时：

8 位情况下，

$$量化误差 = U_{\mathrm{LSB}} = \frac{U_{\mathrm{R}}}{2^8} = \frac{5}{256} \approx 0.019 \ \mathrm{V}$$

10 位情况下，

$$量化误差 = U_{\mathrm{LSB}} = \frac{U_{\mathrm{R}}}{2^{10}} = \frac{5}{1024} \approx 0.0048 \ \mathrm{V}$$

四舍五入时：

8 位情况下，

$$量化误差 = \frac{1}{2} U_{\mathrm{LSB}} \approx 0.01 \ \mathrm{V}$$

10 位情况下，

$$量化误差 = \frac{1}{2} U_{\mathrm{LSB}} \approx 0.0024 \ \mathrm{V}$$

第 9 章

半导体存储器和可编程逻辑器件

半导体存储器是当今数字系统,特别是计算机系统中不可缺少的组成部分,它可用来存储大量的用二进制代码表示的信息和数据。半导体存储器属于大规模集成电路。本章仅介绍半导体存储器在逻辑电路中的应用。

可编程逻辑器件 PLD,是 20 世纪 70 年代后期发展起来的大规模集成电路。PLD 的逻辑功能可以由用户定义和设置,因此具有结构灵活、集成度高、处理速度快和可靠性高等特点。本章仅介绍几种典型的 PLD 的基本结构和简单应用。更进一步的讨论请读者参阅相关专业书籍。

通过本章学习,要求学生:

(1)掌握存储器的分类,各类存储器的功能和特点、功能扩展方法以及如何用 ROM 实现数字电路的设计方法和分析方法;

(2)对 PLD 器件作一般的了解,对 PLA(可编程逻辑阵列)功能的特征和应用要熟悉。

9.1 本 章 小 结

9.1.1 半导体存储器

1. 分类

半导体存储器按器件分,可分为双极型和 MOS 型两大类。

双极型存储器以双极型触发器为基本存储单元,其工作速度快,但功耗大;MOS 型存储器以 MOS 触发器或电荷存储结构为存储单元,它具有集成度高、功耗小、工艺简单等特点。

按功能分,半导体存储器可分为只读存储器(ROM)和随机存取存储器(RAM)两大类。

ROM 在正常工作时只能读出信息,而不能写入信息。ROM 的信息是用专门的写入装置写入的,可长期保存,即使断电,器件中的信息也不丢失,因此又称为非易失性存储器。ROM 又可分为掩膜 ROM、可编程 ROM(PROM)和可擦除的可编程 ROM(EPROM)。

随机存取存储器(RAM)正常工作时可以随时写入或读出信息,但断电后器件中的信息也随之消失,因此又称为易失性存储器。RAM 又可分为静态存储器(SRAM)和动态存储器(DRAM)。

存储器的容量一般用字数 N 同字长 M 的乘积表示，如 $1K \times 8$ 表明该存储器有 1024 个存储单元，每一单元存放 8 位二进制信息。

2. 只读存储器（ROM）的结构及应用

ROM 由三部分组成：地址译码器、存储矩阵和输出缓冲级。

存储矩阵是存放信息的主体，它由许多存储单元排列组成。每个存储单元存放一位二进制代码（0 或 1），若干个存储单元组成一个字。若地址译码器有 n 条地址输入线，则译码器输出线有 2^n 条，每一条译码输出线称为"字线"，它与存储矩阵的"字"相对应。因此，每当给定一组输入地址时，选中译码器的一条字线，该字线可以从存储矩阵中找到相应的字，并将字中的每一位信息送至缓冲级输出。

如将存储器地址线视为逻辑变量，则译码器的每一个输出均表示一个最小项。此时存储矩阵中的每一位均表示一个逻辑函数。因此只读存储器 ROM 可以产生逻辑函数。为了方便，ROM 用"与"阵列和"或"阵列表示，"与"阵列表示译码器的每一个输出；"或"阵列表示存储矩阵的每一位输出。

例如，$2^2 \times 4$ ROM 存储的信息如表 9-1 所示。将 $D_0 \sim D_3$ 视为输出函数，则

$$F_3 = D_3 = \overline{A}_1\overline{A}_0 + A_1\overline{A}_0 = m_0 + m_2$$

$$F_2 = D_2 = \overline{A}_1A_0 + A_1\overline{A}_0 = m_1 + m_2$$

$$F_1 = D_1 = \overline{A}_1\overline{A}_0 + A_1A_0 = m_0 + m_3$$

$$F_0 = D_0 = \overline{A}A_0 + A_1\overline{A}_0 + A_1A_0 = m_1 + m_2 + m_3$$

其与一或阵列图如图 9-1 所示。

表 9-1 $2^2 \times 4$ ROM 的数据表

A_1	A_0	D_3	D_2	D_1	D_0
0	0	1	0	1	0
0	1	0	1	0	1
1	0	1	1	0	1
1	1	0	0	1	1

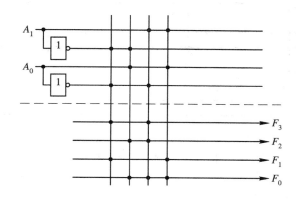

图 9-1 ROM 与一或阵列图

3. 存储器容量的扩展

当一片 ROM 或 RAM 器件的容量不够时，可将多片 ROM 或 RAM 连在一起来扩展存储容量。容量的扩展，可以通过增加位数或字数来实现。

位扩展：只扩大存储器每一存储单元存储的位数，而存储单元的总数不变。这类扩展，地址数不变。图 9-2 所示电路是将 $1K \times 1$ RAM 按位扩展为 $1K \times 8$ RAM。

字扩展：只扩大存储器存储单元数，而每一存储单元存放的二进制信息的位数不变。因此地址线要适当增加，而输出数据线不变。图 9-3 所示电路是将 256×8 RAM 按字扩展为 $1K \times 8$ RAM，需用四片 256×8 存储器，利用译码器的输出控制每一存储器的片选端。

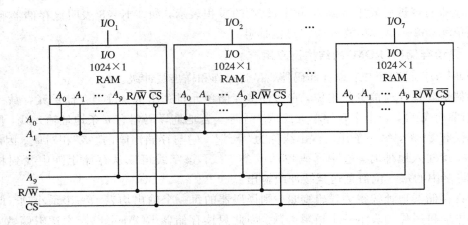

图 9 - 2 存储器的位扩展

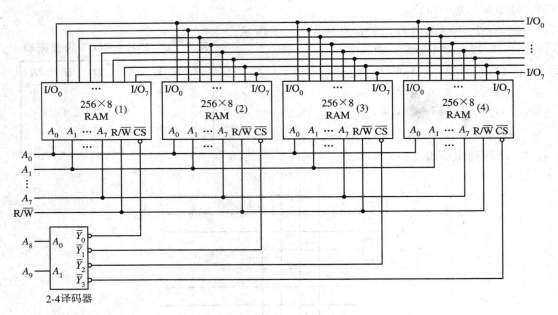

图 9 - 3 存储器的字扩展

9.1.2 可编程逻辑器件

可编程逻辑器件(PLD)是数字系统设计可采用的最新一代器件。随着半导体技术的飞速发展,数字技术可以说经历了四代,即分立元件、小规模集成电路(SSI)、中规模集成电路(MSI)和大规模集成电路(LSI)。

SSI/MSI 标准器件如 74 和 54 系列的 TTL 器件、74CH 和 CD4000 系列的 CMOS 器件等,是目前世界上用得最广泛的集成器件。芯片本身价格低廉,性能好,但集成度低,功能有限,灵活性较差。在构成系统时,存在大量芯片间的连线,且要采用各种不同功能的芯片,最终导致系统可靠性差,费用高,功耗高,体积大。

LSI 如微处理器,具有其它器件难以匹敌的灵活性,且用户可以随心所欲地靠它来实现各种不同的逻辑功能。这类器件大多用软件配置来实现功能,因此在某些场合下,这类器件的速度太低,满足不了要求。此外,这类器件开发费用高,而且还要用 SSI/MSI 设计相应的接口电路。

PLD 器件可以弥补上述器件存在的缺陷和不足,它给数字系统设计者提供了一系列功能强、速度高和灵活性大的新型器件。

1. PLD 器件的发展概况

PLD 是 20 世纪 70 年代发展起来的一种新型逻辑器件。实际上,它主要是一种"与或"两级结构的器件,其最终逻辑结构和功能由用户编程决定。PLD 器件包括 PROM、可编程逻辑阵列(Programmable Array Logic,PAL)和 GAL 等多种结构。

第一个 PLD 器件即可编程只读存储器(PROM),于 20 世纪 70 年代初期制成,至今已经历了四个发展阶段。

第一阶段的产品是把"与"阵列全部连好,而"或"阵列为可编程的熔丝 PROM;"与"阵列和"或"阵列均为可编程的 PLA。

第二阶段为"与"阵列可编程,而"或"阵列为固定的可编程逻辑阵列(Programmable Array Logic,PAL)。

第三阶段为通用逻辑阵列(Generic Array Logic,GAL)。

第四阶段为复杂的可编程逻辑器件(Complex Programmable Logic Device,CPLD),它将简单的 PLD(PAL、GAL 等)的概念作了进一步的扩展,并提高了集成度。现场可编程门阵列(Field Programmable Gate Array,FPGA),是 20 世纪 80 年代中期发展起来的另一类型的可编程器件。

2. 可编程逻辑器件的特点

利用 PLD 器件设计数字系统具有以下优点:

(1)减少系统的硬件规模。单片 PLD 器件所能实现的逻辑功能大约是 SSI/MSI 逻辑器件的 4~20 倍,因此使用 PLD 器件能大大节省空间,减小系统的规模,降低功耗,提高系统可靠性。

(2)增强逻辑设计的灵活性。使用 PLD 器件可不受标准系列器件在逻辑功能上的限制,修改逻辑可在系统设计和使用过程的任一阶段中进行,并且只需通过对所用的某些PLD 器件进行重新编程即可完成,给系统设计者提供了很大的灵活性。

(3)缩短系统设计周期。由于 PLD 用户的可编程特性和灵活性,用它来设计一个系统所需时间比传统方法大大缩短。同时,在样机设计过程中,对其逻辑功能修改也十分简便迅速,无需重新布线和生产印制板。

(4)简化系统设计,提高系统速度。利用 PLD 的"与或"两级结构来实现任何逻辑功能,比用 SSI/MSI 器件所需逻辑级数少,这不仅简化了系统设计,而且减少了级延迟,提高了系统速度。

(5)降低系统成本。使用 PLD 器件设计系统,由于所用器件少,系统规模小,器件的测试及装配工作量大大减少,可靠性得到提高,加之避免了修改逻辑带来的重新设计和生产等一系列问题,因此有效地降低了系统的成本。

3. 现场可编程阵列 FPLA 在数字电路中的应用

ROM 电路地址译码器提供对应逻辑变量的全部最小项，四变量提供 $m_0 \sim m_{15}$ 共 16 个最小项，如实现函数 $F(ABCD) = \sum(0,1,9,12,13)$，仅需要 5 个最小项。其余 10 个最小项没有用到，故电路利用率不高，即 ROM 的与阵列不可编程，或阵列可编程。而 FPLA 的与、或阵列都是可编程的，需要什么逻辑项就产生什么逻辑项，这样可充分利用电路。

9.2 典型题举例

例 1 只读存储器 ROM 的功能是（   ）。

A. 只能读出存储器的内容，且掉电后仍保持

B. 只能将信息写入存储器中

C. 可以随机读出或存入信息

D. 只能读出存储器的内容，且掉电后信息全丢失

答案：A

例 2 将 1 K×4 ROM 扩展为 8 K×8 ROM 需用 1 K×4 ROM（   ）。

A. 4 片   B. 8 片   C. 16 片   D. 32 片

答案：C

首先用两片 ROM 将 1 K×4 扩展为 1 K×8，再用八组 1 K×8 扩展为 8 K×8，因此，需用 1 K×4 ROM 的片数为 2×8＝16 片。

例 3 16 K×8 RAM，其地址线和数据线的数目分别为（   ）。

A. 8 条地址线，8 条数据线   B. 10 条地址线，4 条数据线

C. 16 条地址线，8 条数据线   D. 14 条地址线，8 条数据线

答案：D

因为 2^{14}＝16 384＝16 K，所以 16 K 其地址线为 14 条。

例 4 FPLA 的特点是（   ）。

A. 与、或阵列均可编程   B. 与阵列可编程，或阵列不可编程

C. 与阵列不可编程，或阵列可编程   D. 与、或阵列均不可编程

答案：A

例 5 试用 ROM 构成三位二进制数的平方表电路。

解 设三位二进制数为 $A_2A_1A_0$，根据平方关系列出函数的真值表如表 9-2 所示。

根据真值表写出每一输出函数表达式

$$F_5 = m_6 + m_7$$

$$F_4 = m_4 + m_5 + m_7$$

$$F_3 = m_3 + m_5$$

$$F_2 = m_2 + m_6$$

表 9-2　例 5 真值表

A_2	A_1	A_0	F_5	F_4	F_3	F_2	F_1	F_0
0	0	0	0	0	0	0	0	0
0	0	1	0	0	0	0	0	1
0	1	0	0	0	0	1	0	0
0	1	1	0	0	1	0	0	1
1	0	0	0	1	0	0	0	0
1	0	1	0	1	1	0	0	1
1	1	0	1	0	0	1	0	0
1	1	1	1	1	0	0	0	1

$$F_1 = 0$$
$$F_0 = m_1 + m_3 + m_5 + m_7$$

应选用 8×6 ROM(考虑 $F_1 = 0$，选 8×5 ROM 即可)，画与一或阵列图如图 9-4 所示。

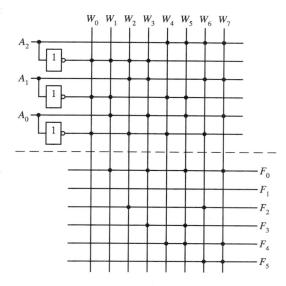

图 9-4 例 5 图

例 6 分别用 ROM 和 PLA 实现下列逻辑函数：
$$F_1 = \overline{A}\overline{B}\overline{C}D + \overline{A}\overline{B}CD + \overline{A}BC\overline{D}$$
$$F_2 = AB\overline{C}\overline{D} + \overline{A}BCD + A\overline{B}\overline{C}D$$
$$F_3 = \overline{A}\overline{B}CD + \overline{A}B\overline{C}D + AB\overline{C}\overline{D} + A\overline{B}\overline{C}D$$
$$F_4 = \overline{A}\overline{B}CD + \overline{A}B\overline{C}D + \overline{A}BCD + A\overline{B}C\overline{D}$$

解 (1) 用 ROM 实现。应选用 16×4 ROM，直接由方程得点阵图，如图 9-5(a)所示，它需要 64 个存储单元。

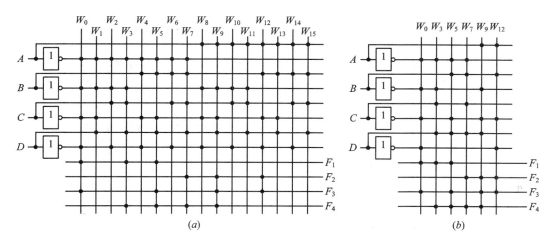

(a) (b)

图 9-5 例 6 图

（2）用 PLA 实现。从整体看不需化简，$F_1 \sim F_4$ 共需要六项乘积项，即 m_0、m_3、m_5、m_7、m_9、m_{12}，故只需提这六项即可，输出仍为四个函数，其 PLA 的与—或阵列图如图 9-5(b)所示。

例 7　用 ROM 实现二变量逻辑函数如图 9-6 所示。

（1）试列出电路的真值表；

（2）写出各输出函数的逻辑表达式。

解　（1）真值表如表 9-3 所示。

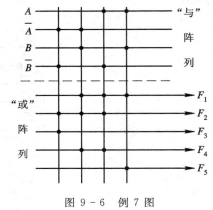

图 9-6　例 7 图

表 9-3　例 7 真值表

A	B	F_1	F_2	F_3	F_4	F_5
0	0	0	1	1	0	0
0	1	1	1	0	1	0
1	0	1	1	0	1	0
1	1	1	0	0	0	1

（2）

$$F_1(AB) = \sum(1,2,3) = A + B$$

$$F_2(AB) = \sum(0,1,2) = \overline{A}\,\overline{B} + \overline{A}B + A\overline{B} = \overline{A} + \overline{B} = \overline{AB}$$

$$F_3(AB) = \overline{A}\,\overline{B} = \overline{A + B}$$

$$F_4(AB) = \sum(1,2) = A \oplus B$$

$$F_5(AB) = AB$$

由上可知，该电路可产生二变量的或运算（F_1）、二变量的与非运算（F_2）、二变量的或非运算（F_3）、二变量的异或运算（F_4）和二变量的与运算（F_5）。

例 8　用 PLA 设计一个一位二进制数的比较电路。

（1）列出真值表；

（2）写出函数式；

（3）画出与—或阵列图。

解　（1）真值表如表 9-4 所示。

表 9-4　例 8 真值表

A	B	$A>B$	$A=B$	$A<B$
0	0	0	1	0
0	1	0	0	1
1	0	1	0	0
1	1	0	1	0

（2）

$$F_1(A > B) = A\overline{B}$$

$$F_2(A = B) = \overline{A}\,\overline{B} + AB$$

$$F_3(A < B) = \overline{A}B$$

（3）其阵列图如图 9-7 所示。

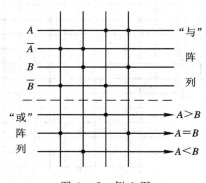

图 9-7　例 8 图

例9 用 ROM 实现四位二进制码到格雷码的转换。

解 （1）输入是四位二进制码 $B_3 \sim B_0$，输出是四位格雷码，故选用容量为 $2^4 \times 4$ 的 ROM。

（2）列出四位二进制码转换为格雷码的真值表，如表 9－5 所示。由表可写出下列最小项表达式：

$$G_3 = \sum(8, 9, 10, 11, 12, 13, 14, 15)$$

$$G_2 = \sum(4, 5, 6, 7, 8, 9, 10, 11)$$

$$G_1 = \sum(2, 3, 4, 5, 10, 11, 12, 13)$$

$$G_0 = \sum(1, 2, 5, 6, 9, 10, 13, 14)$$

（3）可画出四位二进制码到格雷码转换器的 ROM 符号矩阵，如图 9－8 所示。

表 9－5 四位二进制码转换为格雷码的真值表

二进制数（存储地址）				格雷码（存放数据）				二进制数（存储地址）				格雷码（存放数据）			
B_3	B_2	B_1	B_0	G_3	G_2	G_1	G_0	B_3	B_2	B_1	B_0	G_3	G_2	G_1	G_0
0	0	0	0	0	0	0	0	1	0	0	0	1	1	0	0
0	0	0	1	0	0	0	1	1	0	0	1	1	1	0	1
0	0	1	0	0	0	1	1	1	0	1	0	1	1	1	1
0	0	1	1	0	0	1	0	1	0	1	1	1	1	1	0
0	1	0	0	0	1	1	0	1	1	0	0	1	0	1	0
0	1	0	1	0	1	1	1	1	1	0	1	1	0	1	1
0	1	1	0	0	1	0	1	1	1	1	0	1	0	0	1
0	1	1	1	0	1	0	0	1	1	1	1	1	0	0	0

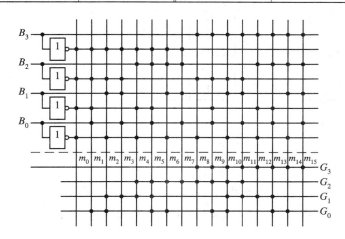

图 9－8 例9图

例10 试用 FPLA 实现例 9 要求的将四位二进制码转换为格雷码的转换电路。

解 用卡诺图对表 9－5 进行化简，如图 9－9(a) 所示，则得

$$G_3 = B_3$$

$$G_2 = \bar{B}_3 B_2 + B_3 \bar{B}_2$$
$$G_1 = \bar{B}_2 B_1 + B_2 \bar{B}_1$$
$$G_0 = \bar{B}_1 B_0 + B_1 \bar{B}_0$$

式中共有 7 个乘积项，它们是

$$P_0 = B_3, \qquad P_1 = \bar{B}_3 B_2, \qquad P_2 = B_3 \bar{B}_2$$
$$P_3 = \bar{B}_2 B_1, \qquad P_4 = B_2 \bar{B}_1$$
$$P_5 = \bar{B}_1 B_0, \qquad P_6 = B_1 \bar{B}_0$$

由这些乘积项表示式可得

$$G_3 = P_0$$
$$G_2 = P_1 + P_2$$
$$G_1 = P_3 + P_4$$
$$G_0 = P_5 + P_6$$

根据上式可画出 PLA 的阵列结构，如图 9-9(b) 所示。

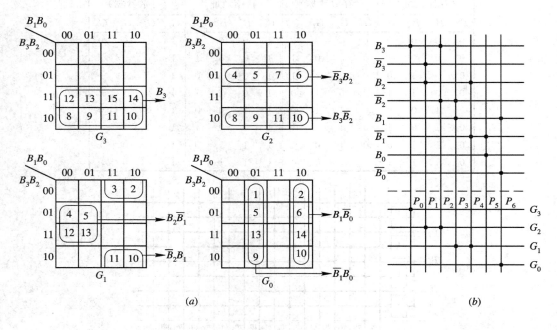

图 9-9 例 10 图

例 11 设 ABC 为三位二进制数，若该数大于等于 5，则输出 F_1 为 1，否则为 0；若该数小于 3 或大于 6，则输出 $F_2 = 1$，否则为 0；若该数为偶数，则输出 F_3 为 1，否则为 0。试用 ROM 实现该电路。

（1）列出真值表；

（2）画出阵列图。

解 （1）真值表如表 9-6 所示。根据真值表，各函数的表达式为

$$F_1 = \sum{}_m(5, 6, 7)$$

— 170 —

$$F_2 = \sum_m (0, 1, 2, 7)$$
$$F_3 = \sum_m (0, 2, 4, 6)$$

（2）实现要求的 ROM 阵列图如图 9 - 10 所示。

表 9 - 6　例 11 真值表

A	B	C	F_3	F_2	F_1
0	0	0	1	1	0
0	0	1	0	1	0
0	1	0	1	1	0
0	1	1	1	0	0
1	0	0	1	0	0
1	0	1	0	0	1
1	1	0	1	0	1
1	1	1	0	1	1

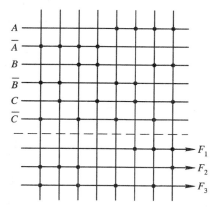

图 9 - 10　例 11 图

例 12　试用 PLA 和 D 触发器设计一个 8421BCD 码加法计数器和七段译码电路。

解　本题为一综合题，包含十进制计数器、七段译码器的设计和 PLA 的应用。

（1）8421BCD 码加法计数器的设计。其状态转换表如表 9 - 7 所示，对应卡诺图如图 9 - 11(a) 所示。由此得到每一触发器的次态方程，进而得到激励函数，即

$$Q_3^{n+1} = Q_3^n \bar{Q}_0^n + Q_2^n Q_1^n Q_0^n = D_3$$
$$Q_2^{n+1} = Q_2^n \bar{Q}_1^n + Q_2^n \bar{Q}_0^n + \bar{Q}_2^n Q_1^n Q_0^n = D_2$$
$$Q_1^{n+1} = Q_1^n \bar{Q}_0^n + \bar{Q}_3^n \bar{Q}_1^n Q_0^n = D_1$$
$$Q_0^{n+1} = \bar{Q}_0^n = D_0$$

表 9 - 7　例 12 十进制计数器状态转换表

Q_3^n	Q_2^n	Q_1^n	Q_0^n	Q_3^{n+1}	Q_2^{n+1}	Q_1^{n+1}	Q_0^{n+1}	Q_3^n	Q_2^n	Q_1^n	Q_0^n	Q_3^{n+1}	Q_2^{n+1}	Q_1^{n+1}	Q_0^{n+1}
0	0	0	0	0	0	0	1	0	1	0	1	0	1	1	0
0	0	0	1	0	0	1	0	0	1	1	0	0	1	1	1
0	0	1	0	0	0	1	1	0	1	1	1	1	0	0	0
0	0	1	1	0	1	0	0	1	0	0	0	1	0	0	1
0	1	0	0	0	1	0	1	1	0	0	1	0	0	0	0

（2）七段译码电路的设计。七段译码器的真值表如表 9 - 8 所示。

表 9 - 8　例 12 七段译码器真值表

Q_3^n	Q_2^n	Q_1^n	Q_0^n	a	b	c	d	e	f	g	Q_3^n	Q_2^n	Q_1^n	Q_0^n	a	b	c	d	e	f	g
0	0	0	0	1	1	1	1	1	1	0	0	1	0	1	1	0	1	1	0	1	1
0	0	0	1	0	1	1	0	0	0	0	0	1	1	0	1	0	1	1	1	1	1
0	0	1	0	1	1	0	1	1	0	1	0	1	1	1	1	1	1	0	0	0	0
0	0	1	1	1	1	1	1	0	0	1	1	0	0	0	1	1	1	1	1	1	1
0	1	0	0	0	1	1	0	0	1	1	1	0	0	1	1	1	1	1	0	1	1

由表 9 - 8 可写出其函数表达式如下，且可看出反函数较简单。

$$\bar{a} = m_1 + m_4$$

$$\bar{b} = m_5 + m_6$$

$$\bar{c} = m_2$$

$$\bar{d} = m_1 + m_4 + m_7$$

$$\bar{e} = m_1 + m_3 + m_4 + m_5 + m_7 + m_9$$

$$\bar{f} = m_1 + m_2 + m_3 + m_7$$

$$\bar{g} = m_0 + m_1 + m_7$$

由于用的是反函数，故选用共阳极数码管。电路如图 9 - 11(b)所示。

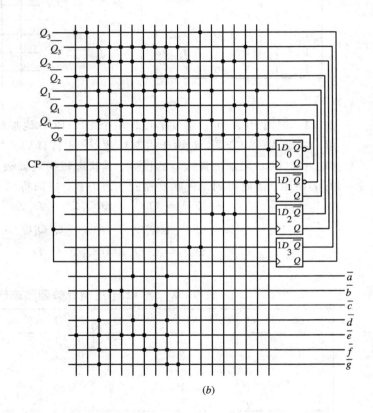

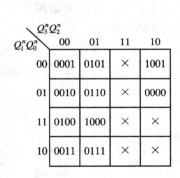

$Q_1^n Q_0^n$ \ $Q_3^n Q_2^n$	00	01	11	10
00	0001	0101	×	1001
01	0010	0110	×	0000
11	0100	1000	×	×
10	0011	0111	×	×

(a)　　　　　　　　　　　　　(b)

图 9 - 11　例 12 图

例 13 用 ROM 实现下列代码的转换：

(1) 8421BCD 码转换为余 3BCD 码；

(2) 余 3BCD 码转换为 5421BCD 码。

解 列出转换真值表如表 9 - 9 所示，根据真值表写出函数表达式。

$$X_3 = m_5 + m_6 + m_7 + m_8 + m_9, \qquad F_3 = m_8 + m_9 + m_{10} + m_{11} + m_{12}$$

$$X_2 = m_1 + m_2 + m_3 + m_4 + m_9, \qquad F_2 = m_7 + m_{12}$$

$$X_1 = m_0 + m_3 + m_4 + m_7 + m_8, \qquad F_1 = m_5 + m_6 + m_{10} + m_{11}$$

$$X_0 = m_0 + m_2 + m_4 + m_6 + m_8, \qquad F_0 = m_4 + m_6 + m_9 + m_{11}$$

表 9 - 9　例 13 真值表

8421BCD 码→余 3BCD 码								余 3BCD 码→5421BCD 码							
A	B	C	D	X_3	X_2	X_1	X_0	A	B	C	D	F_3	F_2	F_1	F_0
0	0	0	0	0	0	1	1	0	0	1	1	0	0	0	0
0	0	0	1	0	1	0	0	0	1	0	0	0	0	0	1
0	0	1	0	0	1	0	1	0	1	0	1	0	0	1	0
0	0	1	1	0	1	1	0	0	1	1	0	0	0	1	1
0	1	0	0	0	1	1	1	0	1	1	1	0	1	0	0
0	1	0	1	1	0	0	0	1	0	0	0	1	0	0	0
0	1	1	0	1	0	0	1	1	0	0	1	1	0	0	1
0	1	1	1	1	0	1	0	1	0	1	0	1	0	1	0
1	0	0	0	1	0	1	1	1	0	1	1	1	0	1	1
1	0	0	1	1	1	0	0	1	1	0	0	1	1	0	0

其阵列图如图 9 - 12 所示。当 8421BCD 码→余 3BCD 码时，输入 $ABCD$ 为 8421BCD 码，输出为 $X_3 \sim X_0$。当余 3BCD 码→5421BCD 码时，输入 $ABCD$ 为余 3BCD 码，输出为 $F_3 \sim F_0$。

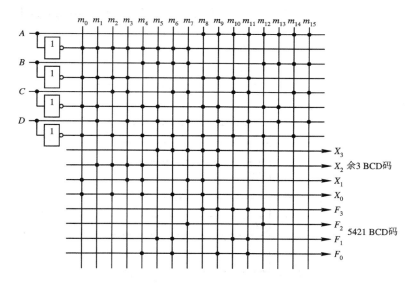

图 9 - 12　例 13 图

例 14　用 PLA 实现全减器，画出阵列图。

解　设 A 为被减数，B 为减数，C 为低位向本位的借位，D 为差，C_{i+1} 为本位向高位的借位。列出真值表如表 9 - 10 所示。其函数式为

$$D = m_1 + m_2 + m_4 + m_7$$

$$C_{i+1} = m_1 + m_2 + m_3 + m_7$$

此题可以不化简，用 PLA 实现，共提供 5 个最小项，如化简则要提供 7 个最小项。其 PLA 阵列图如图 9 - 13 所示。

表 9 - 10　例 14 真值表

A	B	C	D	C_{i+1}
0	0	0	0	0
0	0	1	1	1
0	1	0	1	1
0	1	1	0	1
1	0	0	1	0
1	0	1	0	0
1	1	0	0	0
1	1	1	1	1

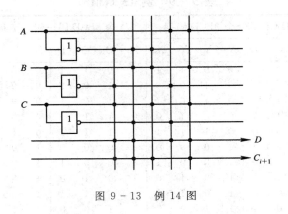

图 9 - 13 例 14 图

9.3 练 习 题 题 解

1. 图 9 - 14 是一个已编程的 $2^4 \times 4$ 位 ROM，试写出各数据输出端 D_3、D_2、D_1、D_0 的逻辑函数表达式。

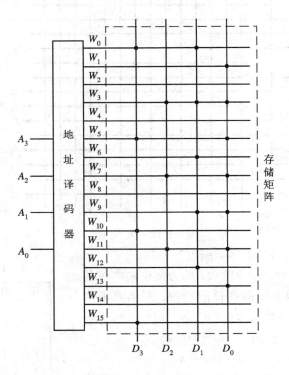

图 9 - 14 题 1 图

解

$$D_3 = m_0 + m_5 + m_{10} + m_{15}$$
$$D_2 = m_3 + m_7 + m_{11}$$
$$D_1 = m_0 + m_3 + m_6 + m_9 + m_{12}$$
$$D_0 = m_1 + m_3 + m_5 + m_7 + m_9 + m_{11} + m_{13}$$

2. 一个 256 字×4 的 ROM 应有地址线、数据线、字线和位线各多少根？

答：因为 $2^8 = 256$，所以地址线有 8 根，数据线有 4 根，字线为 256 根，位线为 4 根。

3. 用一个 2 - 4 译码器和四片 1024×8 位的 ROM 组成一个容量为 4096×8 位的 ROM，画出连接图（ROM 芯片的逻辑符号如图 9 - 15(a)所示，$\overline{CS}$ 为片选信号）。

解 此题是字扩展，即将 1024 扩展为 4096，位数没变，故需用四片 1024×8 的 ROM，其地址线是 12 条，所增加的两条，作为 2 - 4 译码器的地址，译码器的输出控制 1024×4 ROM 的片选信号 $\overline{CS}$。电路如图 9 - 15(b)所示。

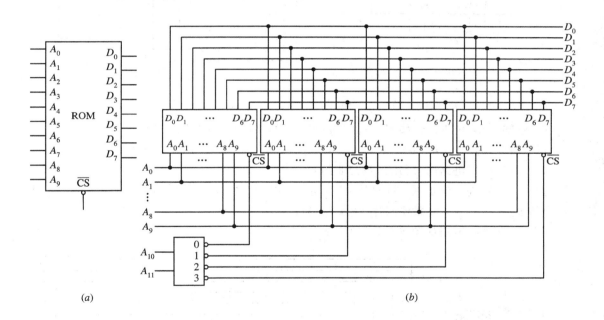

图 9 - 15 题 3 图

4. 确定用 ROM 实现下列逻辑函数所需的容量：

(1) 比较两个四位二进制数的大小及是否相等。

(2) 两个三位二进制数相乘的乘法器。

(3) 将八位二进制数转换成十进制数（用 BCD 码表示）的转换电路。

答：(1) 两个四位二进制数有八个输入端，故字数为 2^8；一个输出端，因而其容量为 $2^8 \times 1$。

(2) 两个三位二进制数有六个输入端，故字数为 2^6，它们相乘最大数是 $111 \times 111 = 7 \times 7 = 49 = 110001$，故输出是 6 条，其容量为 $2^6 \times 6$。

（3）八位二进制数有八个输入端，即有 2^8 个字。八位二进制数转换为十进制数最大是三位，每位十进制数的 BCD 码需用一个四位二进制数，故需四条输出；三位十进制数共需 12 条，故其容量为 $2^8 \times 12$。

5. 图 9 - 16(a)为 256×4 位 RAM 芯片的符号图，试用位扩展的方法组成 256×8 位 RAM，并画出逻辑图。

解 由于只是位扩展，因而地址数不变。电路如图 9 - 16(b)所示。

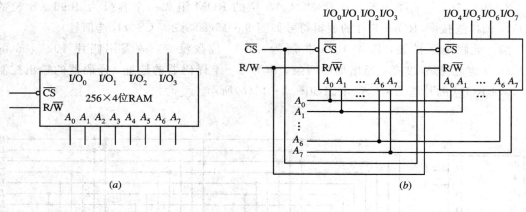

图 9 - 16 题 5 图

6. 已知 4×4 位 RAM 如图 9 - 17(a)所示。如果把它们扩展成 8×8 位 RAM，则：

（1）需要几片 4×4 RAM？

（2）画出扩展电路图（可用少量与非门）。

解 （1）先进行位扩展，将两片 4×4 RAM 扩展为 4×8 RAM，再进行字扩展，将两组 4×8 扩展为 8×8，故需要四片 4×4 RAM。

（2）扩展后的电路如图 9 - 17(b)所示。

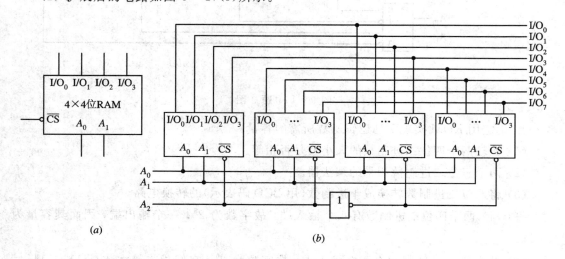

图 9 - 17 题 6 图

7. 试用 ROM 实现下列多输出函数：

$$F_1 = \overline{A}\overline{B} + A\overline{B} + BC$$

$$F_2 = \sum(3, 4, 5, 6)$$

$$F_3 = \overline{A}\overline{B}\overline{C} + \overline{A}BC + A\overline{B}C + ABC$$

解　F_1，F_2，F_3 最小项表达式为

$$F_1 = m_0 + m_1 + m_3 + m_4 + m_5 + m_7$$

$$F_2 = m_3 + m_4 + m_5 + m_6$$

$$F_3 = m_0 + m_1 + m_3 + m_7$$

用 ROM 实现的阵列图如图 9 - 18 所示。

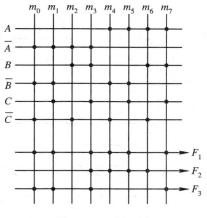

图 9 - 18　题 7 图

8. 试用 ROM 实现 8421BCD 码至余 3 BCD 码的转换。

解　同例 13(1)，不再赘述。

9. 图 9 - 19 是用 16×4 位 ROM 和同步十六进制加法计数器 74LS161 组成的脉冲分频电路，ROM 的数据表如表 9 - 11 所示。试画出在 CP 信号连续作用下 D_3、D_2、D_1、D_0 输出的电压波形，并说明它们和 CP 信号频率之比。

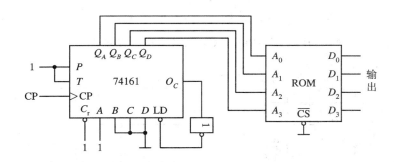

图 9 - 19　题 9 图之一

表 9 - 11　ROM 的数据表

地址输入				数据输出				地址输入				数据输出			
A_3	A_2	A_1	A_0	D_3	D_2	D_1	D_0	A_3	A_2	A_1	A_0	D_3	D_2	D_1	D_0
0	0	0	0	1	1	1	1	1	0	0	0	1	1	1	1
0	0	0	1	0	0	0	0	1	0	0	1	1	1	0	0
0	0	1	0	0	0	1	1	1	0	1	0	0	0	0	0
0	0	1	1	0	1	0	0	1	0	1	1	0	0	1	0
0	1	0	0	0	1	0	1	1	1	0	0	0	0	0	1
0	1	0	1	1	0	1	0	1	1	0	1	0	1	0	0
0	1	1	0	0	0	0	1	1	1	1	0	0	1	1	1
0	1	1	1	1	0	0	0	1	1	1	1	0	0	0	0

解　在 CP 信号连续作用下，D_3、D_2、D_1、D_0 输出的电压波形如图 9 - 20 所示。由图 9 - 20 可看出 D_3、D_2、D_1、D_0 输出的电压波形和 CP 信号频率之比。

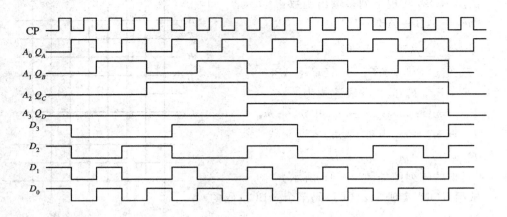

图 9 - 20 题 9 图之二

10. 试用 FPLA 实现题 7 之多输出函数。

解 为使与项减少,应尽可能采用公用项。卡诺图化简过程如图 9 - 21(a)所示。

$$F_1 = \overline{A}B + A\overline{B} + BC$$

$$F_2 = A\overline{B} + A\overline{C} + \overline{A}BC$$

$$F_3 = \overline{A}B + BC$$

实现上述函数需要与项:$\overline{A}\overline{B}$,$A\overline{B}$,BC,$A\overline{C}$,$\overline{A}BC$,逻辑图如图 9 - 21(b)所示。

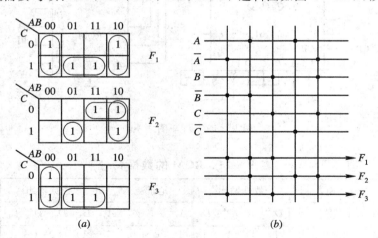

(a)   (b)

图 9 - 21 题 10 图

11. 试用 FPLA 实现题 8 之码组转换电路。

解 利用表 9 - 9 填写卡诺图并将其化简得

$$X_3 = A + BD + BC$$

$$X_2 = \overline{B}D + \overline{B}C + B\overline{C}\overline{D}$$

$$X_1 = \overline{C}\overline{D} + CD$$

$$X_0 = \overline{D}$$

具体过程和逻辑图如图 9 - 22 所示。

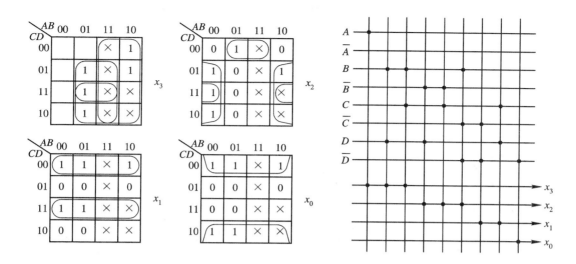

图 9-22　题 11 图

12. 试用 FPLA 和 D 触发器实现一个模 8 加/减计数器。

解　其状态迁移表如表 9-12 所示，作出卡诺图(见图 9-23(a))，求出次态方程，进而求出相应的激励函数 D。

表 9-12　题 12 状态迁移表

x	Q_3^n	Q_2^n	Q_1^n	Q_3^{n+1}	Q_2^{n+1}	Q_1^{n+1}	C	x	Q_3^n	Q_2^n	Q_1^n	Q_3^{n+1}	Q_2^{n+1}	Q_1^{n+1}	C
0	0	0	0	0	0	1	0	1	0	0	0	1	1	1	1
0	0	0	1	0	1	0	0	1	0	0	1	0	0	0	0
0	0	1	0	0	1	1	0	1	0	1	0	0	0	1	0
0	0	1	1	1	0	0	0	1	0	1	1	0	1	0	0
0	1	0	0	1	0	1	0	1	1	0	0	0	1	1	0
0	1	0	1	1	1	0	0	1	1	0	1	1	0	0	0
0	1	1	0	1	1	1	0	1	1	1	0	1	0	1	0
0	1	1	1	0	0	0	1	1	1	1	1	1	1	0	0

$$D_3 = \bar{x}Q_2^n Q_1^n \bar{Q}_3^n + \bar{x}\bar{Q}_2^n Q_3^n + \bar{x}\bar{Q}_1^n Q_3^n + xQ_1^n Q_3^n + xQ_2^n Q_3^n + x\bar{Q}_1^n \bar{Q}_2^n \bar{Q}_3^n$$

$$D_2 = \bar{x}\bar{Q}_2^n Q_1^n + \bar{x}Q_2^n \bar{Q}_1^n + x\bar{Q}_2^n \bar{Q}_1^n + xQ_2^n Q_1^n$$

$$D_1 = \bar{Q}_1^n$$

$$C = \bar{x}Q_3^n Q_2^n Q_1^n + xQ_3^n \bar{Q}_2^n \bar{Q}_1^n$$

逻辑图如图 9-23(b)所示。

13. 试用 FPLA 和 JK 触发器实现一个模 10 加法计数器。

解　十进制加法计数器的状态迁移表如表 9-13 所示。作出每级触发器次态卡诺图，求出每级触发器次态方程，从而确定相应的激励函数 J、K。其步骤如图 9-24(a)所示。

$$Q_3^{n+1} = Q_2^n Q_1^n Q_0^n \bar{Q}_3^n + \bar{Q}_0^n Q_3^n$$

$$J_3 = Q_2^n Q_1^n Q_0^n, \quad K_3 = Q_0^n$$

$$Q_2^{n+1} = Q_1^n Q_0^n \bar{Q}_2^n + \bar{Q}_1^n Q_2^n + \bar{Q}_0 Q_2 = Q_1^n Q_0^n \bar{Q}_2^n + \overline{Q_1^n Q_0^n} Q_2^n$$

179

$$J_2 = Q_1^n Q_0^n, \quad K_2 = Q_1^n Q_0^n$$
$$Q_1^{n+1} = \bar{Q}_3^n Q_0^n \bar{Q}_1^n + \bar{Q}_0^n Q_1^n$$
$$J_1 = \bar{Q}_3^n Q_0^n, \quad K_0 = Q_0^n$$
$$Q_0^{n+1} = \bar{Q}_0^n$$
$$J_0 = 1, \quad K_0 = 1$$

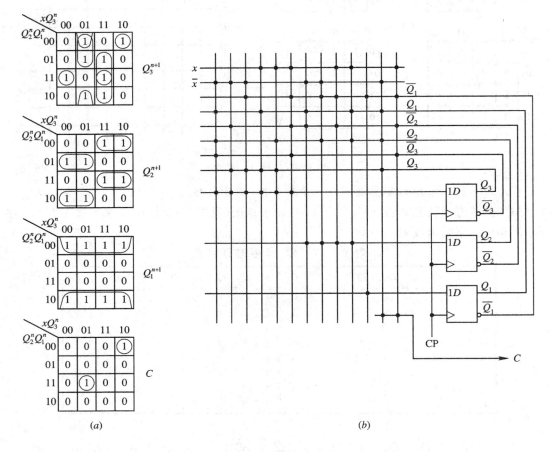

(a) (b)

图 9 - 23 题 12 图

表 9 - 13 题 13 状态迁移表

Q_3^n	Q_2^n	Q_1^n	Q_0^n	Q_3^{n+1}	Q_2^{n+1}	Q_1^{n+1}	Q_0^{n+1}	Q_3^n	Q_2^n	Q_1^n	Q_0^n	Q_3^{n+1}	Q_2^{n+1}	Q_1^{n+1}	Q_0^{n+1}
0	0	0	0	0	0	0	1	1	0	0	0	1	0	0	1
0	0	0	1	0	0	1	0	1	0	0	1	0	0	0	0
0	0	1	0	0	0	1	1	1	0	1	0	×	×	×	×
0	0	1	1	0	1	0	0	1	0	1	1	×	×	×	×
0	1	0	0	0	1	0	1	1	1	0	0	×	×	×	×
0	1	0	1	0	1	1	0	1	1	0	1	×	×	×	×
0	1	1	0	0	1	1	1	1	1	1	0	×	×	×	×
0	1	1	1	1	0	0	0	1	1	1	1	×	×	×	×

FPLA 的与或阵列图如图 9 - 24(b)所示。

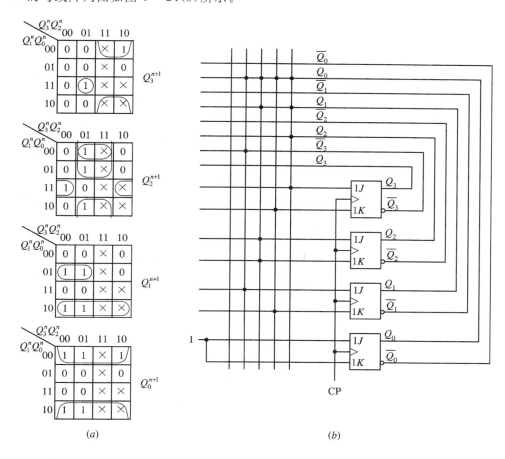

图 9 - 24 题 13 图

由于题 14～16 涉及 GAL16V8 的编程软件，故此处略。可参阅有关数字电路 EDA 课程，或可编程逻辑器件的相关专业书籍。

14. 可编程逻辑器件有哪些种类？它们的共同特点是什么？

答：可编程逻辑器件按其集成密度和结构特点可作如下分类：

其共同特点如下：

（1）减少系统的硬件规模；

（2）增强逻辑设计的灵活性；

（3）缩短系统设计周期；

（4）简化系统设计，提高系统速度；

（5）降低系统成本。

15．比较 GAL 和 PAL 器件在电路结构形式上有何异同点。

答　二者均是与—或阵列结构。但 PAL 采用熔丝连接工艺，靠熔丝烧断达到编程的目的，一旦编程便不能改写；另一方面，不同输出结构的 PAL 对应不同型号的 PAL 器件，不便于用户使用。而通用阵列逻辑器件（GAL）是在 PAL 器件的基础上发展起来的新一代增强型器件，它直接继承了 PAL 器件的与—或阵列结构，并利用其灵活的输出逻辑宏单元（OLMC）结构来增强输出功能，同时采用电子标签和宏单元结构字等新技术和 E^2CMOS 新工艺，因而具有可擦除、可重新编程和可重新配置其结构等功能。用 GAL 器件设计逻辑系统，不仅灵活性大，而且能对 PAL 器件进行仿真，并能完全兼容。GAL 和 PAL 器件都需要通用或专用编程器进行编程。

16．比较 CPLD 和 FPGA 可编程器件，它们各有什么特点？

答　CPLD 的基本结构形式和 PAL、GAL 相似，由可编程的与阵列、固定或阵列和逻辑宏单元组成，但集成规模比 PAL 和 GAL 大得多。CPLD 采用先进的 E^2CMOS 工艺制作，具有在系统编程的能力。

FPGA 具有掩膜可编程门阵列的通用结构，它由逻辑功能块排成阵列组成，并由可编程的互连资源连接这些逻辑功能块来实现设计要求。和阵列型 CPLD 不同的是，它不受"与—或"阵列结构和 I/O 端数量上的限制，适合实现多级逻辑功能，并具有更高的密度和更大的灵活性。

17．可编程逻辑器件常用的编程元件有几类？它们各有什么特点？

答　常用的可编程逻辑器元件有四类：

（1）一次性编程的熔丝或反熔丝元件；

（2）紫外线擦除、电可编程 EPROM（UVEPROM）存储单元，采用 UVCMOS 工艺；

（3）电擦除、电可编程存储单元，一类是 E^2PROM 即 E^2CMOS 工艺结构，另一类是快闪（Flash）存储单元；

（4）基于静态存储器（SRAM）的编程元件。

目前这四类元件中，基于电擦除、电可编程的 E^2PROM 和快闪（Flash）存储单元的 PLD 以及基于 SRAM 的 PLD 使用最广泛。

基于 E^2PROM 和 Flash 存储单元的 PLD 可以编程 100 次以上，其优点是系统断电后，编程信息不丢失。这类器件分为编程器上编程的 PLD 和在系统编程（In System Programmable，ISP）的 PLD。ISP 器件不需要编程器，可以先装配在印制板上，通过电缆进行编程，因而调试和维修都很方便。基于只读存储器的 PLD 还设有保密位，可以防止非法复制。

基于 SRAM 的 PLD 的缺点是系统断电后，编程信息会丢失，因此每次上电工作时，需要从 PLD 器件以外的 EPROM、E^2PROM 或计算机的软、硬盘中，将编程信息重新写入 PLD 内的 SRAM 中。它的优点是可以进行任意次数的编程，并可在工作中快速编程，实现电路级和系统级的动态配置，因而称为在线重配置（In Circuit Reconfigurable，ICR）的 PLD 或可重配置硬件。

18. 可编程逻辑器件的设计流程主要有哪几步？

答 可编程逻辑器件的设计流程如图 9 - 25 所示，它主要包括设计准备、设计输入、设计处理和器件编程四个步骤，同时包括相应的功能仿真、时序仿真和器件测试三个设计验证过程。

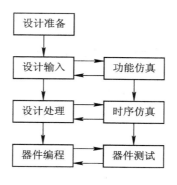

图 9 - 25 题 18 图

附　　录

高等教育数字电子技术自学考试试题一

一、单项选择题

1. 八进制数 $(573.4)_8$ 的十六进制数是_____。

A. $(17C.4)_{16}$　　　　B. $(16B.4)_{16}$　　　　C. $(17B.8)_{16}$　　　　D. $(17B.5)_{16}$

2. 用 0、1 两个符号对 100 个信息进行编码，则至少需要_____。

A. 8 位　　　　　　B. 7 位　　　　　　C. 9 位　　　　　　D. 6 位

3. TTL 门组成的逻辑电路如图 1 所示，则 F 为_____。

A. $\overline{AB}$　　　　　B. $\overline{AB} \cdot C$　　　　　C. 0　　　　　D. $\overline{\overline{AB} \cdot C}$

4. 逻辑函数 $F = A\overline{B} + \overline{A}B + \overline{B}DEG + B$ 的最简式为_____。

A. $F = \overline{B}$　　　　B. $F = B$　　　　C. $F = 0$　　　　D. $F = 1$

5. 由图 2 所示的波形可知，F 与 A、B 的逻辑关系是_____。

A. $F = A + B$　　　B. $F = A \cdot B$　　　C. $F = \overline{A + B}$　　　D. $F = \overline{A \cdot B}$

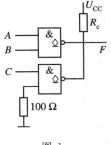

图 1

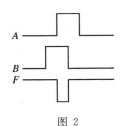

图 2

6. 逻辑函数 $F(ABC) = A \odot C$ 的最小项标准式为_____。

A. $F = \sum(0, 3)$

B. $F = \overline{A}C + A\overline{C}$

C. $F = m_0 + m_2 + m_5 + m_7$

D. $F = \sum(0, 1, 6, 7)$

7. 已知逻辑函数 $F = \sum(0,1,3,4,5)$，则 F 的最简反函数为_____。

A. $\overline{F} = AB + B\overline{C}$

B. $\overline{F} = B + \overline{A}C$

C. $\overline{F} = \overline{B} + AC$

D. $\overline{F} = AB + \overline{B}C$

8. 在下列各组变量取值中，使函数 $F(ABCD) = \sum(0, 1, 3, 4, 6, 12)$ 的值为 1 的是_____。

A. 1 1 0 1　　　　B. 1 0 0 1　　　　C. 0 1 0 1　　　　D. 1 1 0 0

9. 逻辑函数 $F=ABD+\overline{A}C\overline{D}+A\overline{B}D+CD$ 的最简或非式是_____。

A. $\overline{\overline{A+\overline{C}}+\overline{\overline{A}+\overline{D}}}$

B. $\overline{\overline{A+\overline{C}}+\overline{\overline{A}+D}}$

C. $\overline{\overline{AC}+\overline{AD}}$

D. $\overline{\overline{A+\overline{C}}+\overline{A+\overline{D}}}$

10. 函数 $\begin{cases} F=\sum(0,2,8,10,11,13,15) \\ \overline{A}BD+\overline{B}CD=0(约束条件) \end{cases}$ 的最简与非式为_____。

A. $\overline{\overline{A\overline{B}}\cdot\overline{AD}\cdot\overline{\overline{B}D}}$

B. $\overline{\overline{B\overline{D}}\cdot\overline{AD}}$

C. $\overline{\overline{AD}\cdot\overline{\overline{B}\overline{D}}}$

D. $\overline{AD\cdot\overline{B}\cdot\overline{D}}$

11. 某触发器的状态图如图 3 所示,则该触发器是_____。

A. JK 触发器

B. RS 触发器

C. D 触发器

D. T 触发器

12. 同步时序电路如图 4 所示,其状态方程 Q^{n+1} 为_____。

A. $\overline{A}\oplus Q^n$ 　　B. $A+Q^n$ 　　C. $A\oplus Q^n$ 　　D. $\overline{A}+Q^n$

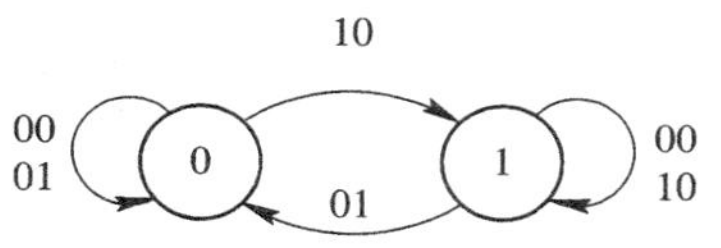

图 3

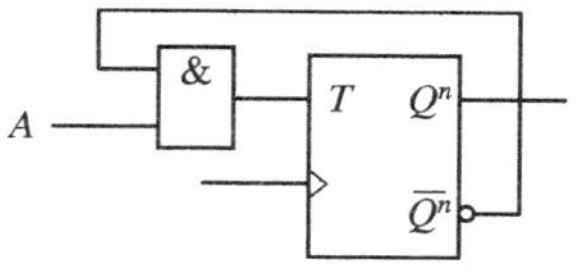

图 4

13. n 位移位寄存器构成扭环计数器时,其进位模值为_____。

A. n 　　B. 2^n 　　C. n^2 　　D. $2n$

14. 用 555 构成的施密特电路_____。

A. 有二个稳定状态

B. 没有稳定状态

C. 有一个稳定状态

D. 有多个稳定状态

15. 存储容量为 16×8 的 ROM,其地址线和位线分别为_____。

A. 16 和 8 　　B. 8 和 16 　　C. 4 和 3 　　D. 4 和 8

二、多项选择题

1. 在下列数或数的编码中,与十进制数 $(43.5)_{10}$ 相等的是_____。

A. $(101011.1)_2$ 　　B. $(1000011.1010)_{8421BCD}$ 　　C. $(2B.8)_{16}$

D. $(01110110.1000)_{余3BCD}$ 　　E. $(53.4)_8$

2. 逻辑电路如图 5 所示,则 _____。

A. 当 $A=0$ 时 $F=\overline{B}$

B. 当 $A=0$ 时 $F=0$

C. 当 $A=1$ 时 $F=1$

D. 当 $A=1$ 时 $F=\overline{B}$

E. $F=\overline{AB}$

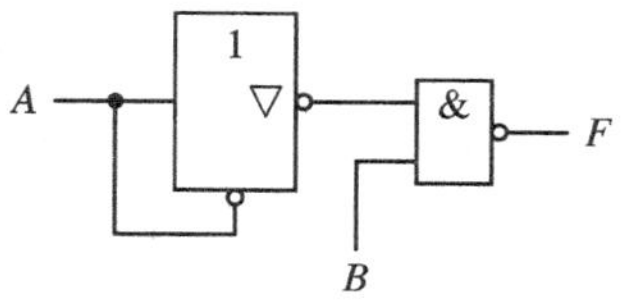

图 5

3. 在五变量逻辑函数 $F=f(ABCDE)$ 中,下列说法正确的是_____。

A. F 的最小项 $m_{25}=AB\overline{C}D\overline{E}$ 　　B. F 的最小项 m_1 有五个相邻最小项

C. F 的最小项 $m_7 \cdot m_{29} = 0$ D. 因为 $\sum\limits_{i=0}^{31} m_i = 1$，所以 F 的值为 1

E. 若 $F = \sum (0,1,8,15,19,28,31)$，则 $\overline{m}_{26} = 1$

4. 对于真值表如表 1 所示的逻辑函数，其表达式可表示为_____。

A. $F = \sum (2,3,4,6,7)$

B. $F = \overline{A}\,\overline{B} + A\overline{C}$

C. $F = \overline{A}B + AC$

D. $F = (A+B+C)(\overline{A}+\overline{B}+C)$

E. $F = A \oplus B + ABC$

表 1

A	B	C	F	A	B	C	F
0	0	0	0	1	0	0	$\times$
0	0	1	$\times$	1	0	1	1
0	1	0	1	1	1	0	0
0	1	1	1	1	1	1	1

5. 单稳态电路如图 6 所示，为增加定时脉冲的延迟时间，应_____。

A. 增大 U_{CC}

B. 增大 R

C. 增大 C

D. 加大触发脉冲的宽度

E. 减小 C_5

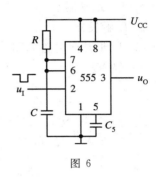

图 6

三、分析、画波形题

1. 同步时序电路如图 7 所示。

（1）写出电路的状态方程；

（2）画出 Q^n 的波形（初态为 0）。

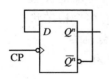
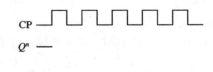

图 7

2. 逻辑电路如图 8 所示，试填写 F 的卡诺图。

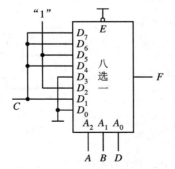
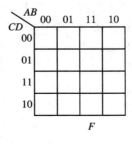

图 8

3. 计数器电路分别如图 9(a)、(b)所示。

① 分别列出各电路的状态转移表(初态为 0000);

② 确定各计数器的值。

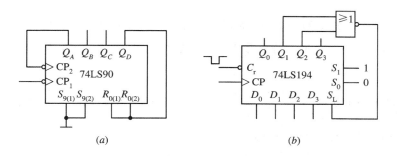

图 9

4. 已知某三位 D/A 转换电路的输出周期波形如图 10 所示,试确定输入的数字量的转换规律。参考电压为 4 V。

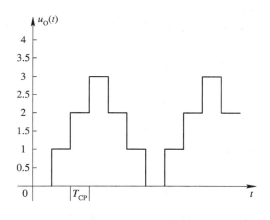

图 10

5. 某同步时序电路如图 11 所示。

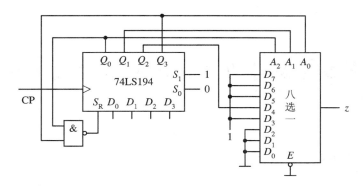

图 11

① 列出电路的状态转移表(初态为 1111);

② 写出 z 的输出序列码。

四、设计题

1. 有一个两位二进制数 N,当控制信号 $X=0$ 时,若该数大于或等于 2,则输出 F_1 为 1,否则 F_1 为 0;当 $X=1$ 时,若该数小于 3,则输出 F_2 为 1,否则 F_2 为 0。试列出其真值表。

2. 已知逻辑函数组 $\begin{cases} F_1 = \overline{A}B\overline{C} + \overline{B}C \\ F_2 = \overline{A}\overline{B} + C \end{cases}$。试用一片 3-8 译码器和一块与非门(实现 F_1)、一块与门(实现 F_2),设计该逻辑电路。要求:

(1) 写出 F_1 的最小项与非表达式;

(2) 写出 F_2 的最小项表达式;

(3) 画出逻辑电路图。

3. 已知某同步时序电路的状态表如表 2 所示。

(1) 画出该电路的状态图;

(2) 写出用 JK 触发器实现该逻辑电路时的状态方程、激励方程以及输出方程。

表 2

Q_2^n Q_1^n	x	$Q_2^{n+1} Q_1^{n+1}/z$	
		0	1
0 0		0 0 / 0	1 0 / 0
0 1		$\times\times/\times$	$\times\times/\times$
1 0		1 0 / 0	1 1 / 1
1 1		1 1 / 1	0 0 / 0

4. 试用一片集成计数器 74LS161 和少量门电路,设计一个模 9 计数器(设初始态为 0111),要求:

(1) 列出计数器的状态转移表;

(2) 画出逻辑电路图。

高等教育数字电子技术自学考试试题二

一、填空题

1. 完成下列数制转换:

$(65.5)_{10} = ($ $)_2 = ($ $)_{8421BCD码}$

$(10011010.1000)_{余3码} = ($ $)_{16}$

2. 已知逻辑函数 $F(ABCD)=AD+\bar{B}C$，其最小项表达式 $F=\sum m($ ___ $)$。

3. 已知逻辑函数 $F(ABCD)=AB+\overline{BC+\bar{D}}$，其反函数 $\bar{F}=$ _____，其对偶式 $F^*=$ _____。

4. 已知逻辑函数 $F(ABCD)=\sum m(0,2,3,4,6,7,8,10,11)$，其最简或与式 $F=$ _____。

5. 已知逻辑函数 $F(ABC)=(A+B)(\bar{A}+\bar{C})$，其最简与或式 $F=$ _____。

6. 已知逻辑函数 $F(ABCD)=\sum m(1,3,4,6,9,11)+\sum\phi(5,7,8,10)$，其最简与非—与非式 $F=$ _____。

7. 触发器电路如图 1 所示，其状态方程 $Q_1^{n+1}=$ _____，$Q_2^{n+1}=$ _____。

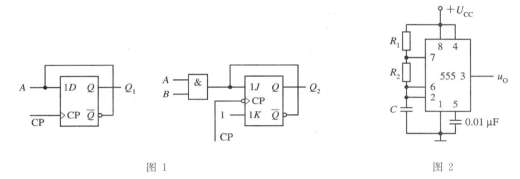

图 1   图 2

8. 用 555 定时器组成的多谐振荡器如图 2 所示，其振荡周期 $T=$ _____，若使振荡器频率加大，可以使_____变_____。

9. 实现 M 个状态的同步时序电路最少需要用 n 个触发器，M 和 n 的关系为_____。

10. n 位移位寄存器构成环型计数器，其进位模值 $M=$ _____。

二、分析下列电路

1. 组合电路如图 3 所示。

（1）试分别写出各电路的输出函数表达式；

（2）试列出真值表，指出各电路的逻辑功能。

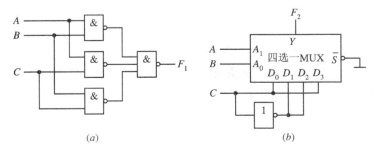

(a)   (b)

图 3

2. 试分析图 4 所示时序电路。

（1）分别列出各电路的状态表；

（2）分别指出各电路的模值及逻辑功能。

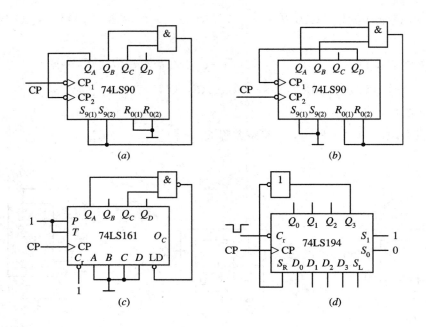

图 4

3. 已知某时序电路的状态表及输入波形如图 5 所示，Q_2、Q_1 的初态为 00，触发器下降沿翻转，试分别画出 Q_2、Q_1、z 的波形图。

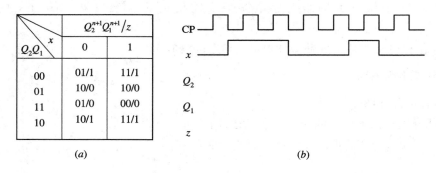

Q_2Q_1 $\backslash$ x	$Q_2^{n+1}Q_1^{n+1}/z$	
	0	1
00	01/1	11/1
01	10/0	10/0
11	01/0	00/0
10	10/1	11/1

(a)

(b)

图 5

4. 已知某序列码发生器的电路如图 6 所示。

（1）列出 74LS161 的状态表，其模值 $M=$？

（2）分析该电路，其输出序列 $z=$？

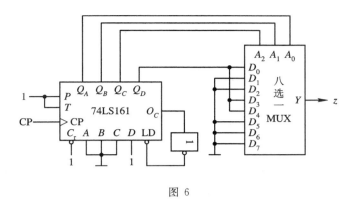

图 6

三、设计下列电路

1. 试用 3 - 8 译码器加少量门电路实现一个一位减法器，写出设计过程，画出逻辑电路。

2. 试分别用 74LS161、74LS90 实现一个模值 $M=85$ 的计数器，写出设计过程，画出逻辑电路。

3. 用 PLA 设计电路实现将三位格雷码转换为三位二进制码。

参 考 文 献

[1] 江晓安,周慧鑫,付少锋.数字电子技术.4版.西安:西安电子科技大学出版社,
    2015.
[2] 杨颂华,等.数字电子技术基础.西安:西安电子科技大学出版社,2002.
[3] 童诗白,何金茂.电子技术基础试题汇编(数字部分).北京:高等教育出版社,1991.